오늘도 사서 고생, 방구석 레시피

하마타케 무쓰코 지음
황세정 옮김

한스미디어

추천사

○

『오늘도 사서 고생, 방구석 레시피』를 받아 읽는 순간
저는 괜히 질투가 날 정도로 부러운 마음이 들었습니다.

이 책은 정확히 제가 그리고 싶다고 생각해 왔던
요리책의 형태와 내용에 가까웠기 때문입니다.

책을 펼치자마자 "아, 나도 이런 책을 한번 내보고 싶다"라는
생각이 자연스럽게 들었습니다.

들어가는 부분에서 하마타케 씨가 말하는
'뭐든지 만들어보고 싶은 병'을 읽으며,
저 역시 같은 병을 앓고 있는 사람으로서
시작부터 심상치 않다는 느낌을 받았습니다.

아니나 다를까, 요리 만화에서 보던 소스 활용법이나

다큐멘터리에서 보던 공장의 모습들이 재미있게 표현되어 있어

요리를 하는 사람이 아니어도 흥미롭게 읽을 수 있는

내용들로 가득한 알찬 책이었습니다.

어딘가 예전에 읽던 교육만화를 떠올리게 하면서도,

신문에서 찾아보던 만화 같은 재미도 느껴졌습니다.

제가 생각해 왔던 '좋은 책의 방향성'과도 잘 맞는 책이라

더욱 즐겁게 읽었습니다.

이렇게 좋은 책을 만들어주서서 감사합니다.

요리사 만찢남

조광효

안녕하세요.
일러스트레이터인
하마타케라고 합니다.

그 유명한
세토 내해
...의 옆

오카야마현의
항구 도시에
살고 있어요.

부스럭 부스럭

일러스트레이터
하마타케 무쓰코

• 후쿠오카현 출생
• 오카야마현 거주 중
• 40대
〈가족 구성〉
남편, 아들, 고양이
• 사우나, 술, 라디오 좋아함

이래 보여도
일하는 중이랍니다.

매일
매일
장시간
부엌에서...

영차
영차
돌돌
돌돌

웁찔

Q.
일러스트레이터는
그림 그리는
사람 아닌가요?

지당하신
말씀입니다.

으음...

어쩌다 이렇게
되었는지

저는 돈을 받고
그림을

당연하게도요!!

그리고

설명해
드리지요.

있답니다!!

슈퍼에
가잖아요?
참, 멘쯔유
사야지.
SH!

원재료를
보게 돼요.
물끄러미

이건 직접
만들 수 있지
않나?
이러고
안산다든가

밥을 먹으러
가잖아요?
뭘 먹을까나~
야호♥

MENU
메뉴추천
·로스트비프
·'수제' 로스 햄 1,200
·연어 마리네이드
애피타이저
·카르파치오
·모차렐라
·생 햄과 …
물끄러미

내가
만들 수
있을까.
맛있어!
해보자!
…이렇게
돼요.

뭐든지
만들어 보고
싶어지는 병.
또 만들어 버렸어…
어느새 늘어난 병과
보관 용기
그러니까 음식을 만드는 것도
게건 일이에요~
으아아아아…
엄마,
또 늘어났어?
살려줘~
그래서 죄다
만들어
책으로 엮어 봤습니다
(그게 바로 이 책).

소소한 일상을
누리는 삶 같은
건가요?
멋지다!
그게
아니에요...
쯧
쯧
쯧
거의 실험
이라니까요.
그래서
종종 성대하게
실패도 하지요.
으아아아악
큰일
났다!
발효
온도
관리
건조
절임
가끔은
과학까지!
가수율
베타화
유산균
엄청 즐거워요.
마이야르 반응
아미노산
그런 복잡한 건
잘 모르지만
그럭저럭
에헷
뭐, 만들 수 있어요.

주의
米酢
쌀 식초
しょう油
간장
소금
다만, 이번에는 설탕, 소금, 간장 같은 기본 재료는 만들지 않았습니다.
아니, 그런 건 전문가에게 맡기고 싶다고요.
맛이 중요하지.
전문가가 최고야. 전문가는 신이라고.
…그렇게 생각합니다.
기본적으로 '맛이 좋아야지!' 라는 주의
술을 만드는 건 법적으로 불가!
미림
日本酒
일본주
그 대신
전문가들이 맛있는 음식을 만드는 현장을 견학할 수 있었습니다.
이름하여 '어른의 현장 체험학습'
오카야마
이치몬지 우동
오쿠라 씨
마타이치노시오,
후쿠오카
히라카와 씨
소금
갑자기 현실적인 그림체!
조 씨
미쓰루 쇼유
후쿠오카
다나카 씨
엄청난 실력의 아마추어도 등장
아, 이게 웬 행운인지!!

참고로 저는 음식에 관해선 아마추어입니다.
아마주어가 만든 음식만 소개한 책은
미덥지 못하다고요?
안심하시길.
전문가를 모셨습니다.
후쿠오카
인기 비스트로 '요르고'의 가와세 셰프.
게다가 코지 전문가인
제 사우나 선배
정말 엄청나게 맛있는 요르고의 음식.
무려 가게 주방까지 빌려서
물끄러미
좋아, 가르쳐 주지.
어디 해 봐!
계속해!
인세는 몇 퍼센트 줄래?
MISO
TOU MISO
1954
'교자 라스베가스'의 소유주기도.
이것저것 많이 배울 수 있었어요.
메이토 미소 혼포의 다카하라 씨.
오기야마

●p.32 역주 참조

8

여러분 안녕하세요.
HIMONO
두부 전문가
TOFU
오카야마
건어물 전문가 히모노야 간키치의 요시오카 씨.
오카야마
도후도코로 오카베의 시라이시 씨.
고향인 후쿠오카
죄다 유명한 가게네!!
지금 사는 오카야마
그리고 면은
후쿠오카
NOODLE
야마다 제면의 대표 & 면전문 자유기고가 야마다 씨를 비롯한
전문가 선생님들에게 배운 내용을 전부 집에서 실천해 본 뒤
장난 아니다! 완전 호화 캐스팅인데.
후쿠오카
야마다 제면
이치몬지 우동
오카야마
오카야마
소바키리 쿠루리
면 전문가가 한자리에!
우와~
그림으로 그렸습니다.

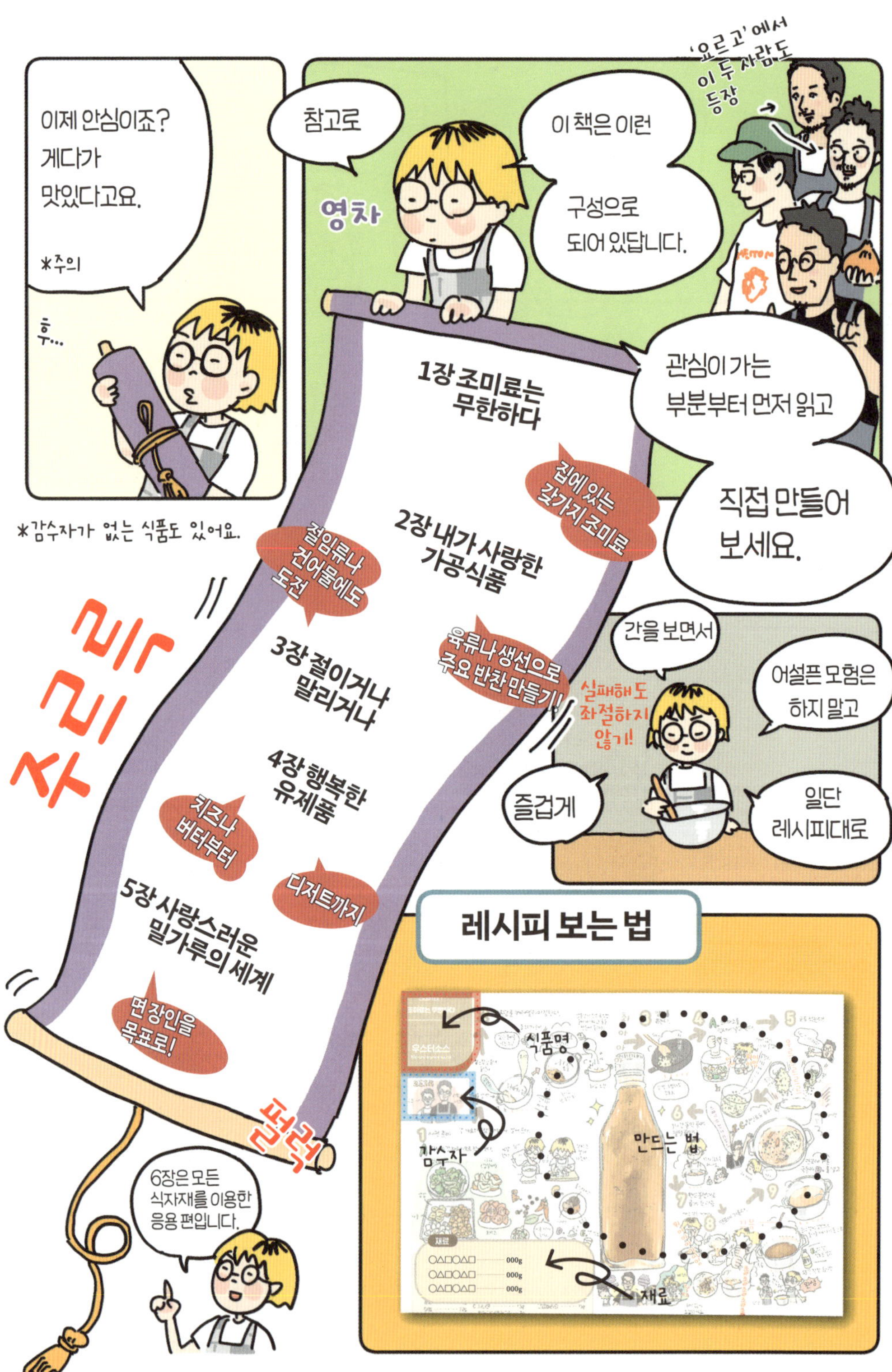

이제 안심이죠?
게다가
맛있다고요.
*주의
후...
*감수자가 없는 식품도 있어요.
참고로
영차
이 책은 이런
구성으로
되어 있답니다.
'요르고'에서
이 두 사람도
등장
관심이 가는
부분부터 먼저 읽고
직접 만들어
보세요.
1장 조미료는
무한하다
집에 있는
갖가지 조미료
2장 내가 사랑한
가공식품
절임류나
건어물에도
도전
육류나 생선으로
주요 반찬 만들기!
3장 절이거나
말리거나
간을 보면서
실패해도
좌절하지
않기!
어설픈 모험은
하지 말고
4장 행복한
유제품
즐겁게
일단
레시피대로
치즈나
버터부터
디저트까지
5장 사랑스러운
밀가루의 세계
레시피 보는 법
면장인을
목표로!
스르륵
펄럭
6장은 모든
식자재를 이용한
응용 편입니다.
우스터소스
시품명
만드는 법
감수자
재료
재료

아니, 사람은 먹지 않으면 살 수 없잖아요.
가족이 좋아하면 저도 기분이 좋고
평소 먹는 여러 식품이
TOMATO
ウスターソース
ゆずこしょう
유즈코쇼
우스터소스
어떻게 만들어지는지도 궁금하고
그러니 이런저런 것들을 전부 다
매실 수확 시즌은 우메보시나 매실청을 만드느라 바빠.
어차피
만들 건데
미소된장은 왜 겨울에 담가?
말리면 맛있어지는구나!
콩은 정말 대단해.
아사즈케는 신선하게!
생 파스타는 면 굵기를 자유롭게 선택할 수 있어.
우유 x 식초=?
즐기자고요.
우동과 라면의 차이?
그렇습니다.
즐겨보자고요.
음식을 직접 만든다는 건 엔터테인먼트예요!

CONTENTS

CHAPTER 1 조미료는 무한하다

CHAPTER 2 내가 사랑한 가공식품

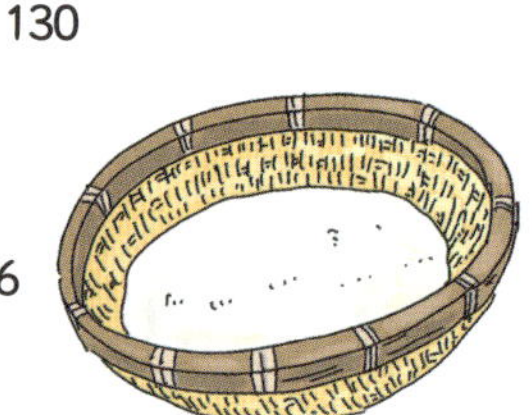

CHAPTER 3 절이거나 말리거나

CHAPTER 4 행복한 유제품

CHAPTER 5 사랑스러운 밀가루의 세계

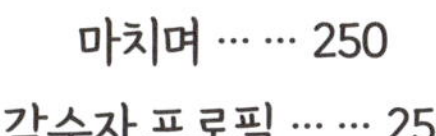

- 1큰술 = 15cc, 1작은술 = 5cc입니다.
- 따로 표기되어 있지 않을 경우, 만들기 쉬운 분량입니다.
- 완성된 일러스트의 분량과 실제 재료표에 나온 분량은 차이가 날 수 있습니다.
- 먹기 좋은 시기나 보관 기간은 어디까지나 대략적인 기준입니다. 계절이나 보관 장소에 따라 달라질 수 있으니 만든 후에는 되도록 빨리 먹는 편이 좋습니다.
- 식자재의 제철이나 맛이 좋은 시기, 출하 시기, 만들기 쉬운 시기 등을 고려해 기재했으나 어디까지나 대략적인 기준일 뿐입니다.
- 보관 용기나 병은 제품의 주의 사항에 따라 열탕소독 등을 한 뒤에 사용하세요.

식품별 제철 캘린더

봄
여름
3월
4월
5월
6월
7월
8월
이치야보시(p.174)
봄과 가을이 최고
안초비&남플라(p.108)
두반장(p.68)
잠두의 제철은 4~6월
무화과 식초(p.187) 무화과잼(p.237)
황매실은 6월 초에 나온다
우메보시(p.146)
매실청(p.182)
붉은 차조기 주스(p.185)
생강 초절임·홍생강 초절임(p.168) 생강 시럽(p.185)
햇생강이 출하되는 시기는 6월~가을 무렵까지
일본식 가지절임(시바즈케)(p.163)
토마토소스(p.58)
토마토케첩(p.60)
홀 토마토·토마토퓌레(p.62)
타바스코풍 소스(p.73)
유즈코쇼(p.38)
여름 채소로 담근 피클(p.158)
양하, 가지, 오이 등
오이
가지
말랑말랑
중독적인 맛!
양하

*식품별 제철은 들어가는 식자재의 맛이 좋은 시기, 출하 시기, 만들기 쉬운 시기 등을 고려해 기재했습니다만 어디까지나 대략적인 기준일 뿐입니다.

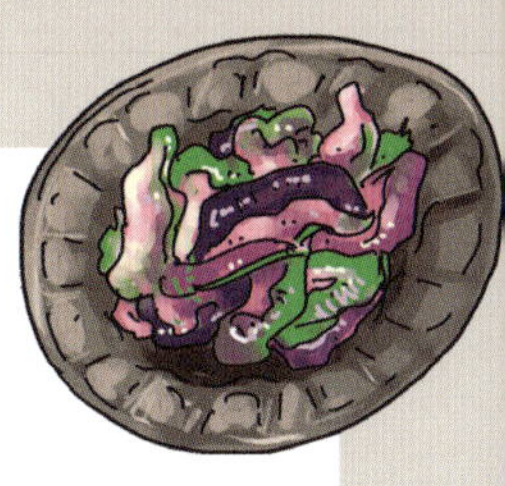

가을			겨울		
9월	10월	11월	12월	1월	2월

갈 간장 절임(p.110)

폰즈(p.45)

레몬청(p.184)

사과식초(p.186)

감식초(p.45)

곶감(p.181)

말린 고구마(p.180)

곤약(p.126)

다쿠앙(무 쌀겨 절임) (p.166)

명란젓(p.112)

굴소스(p.71)

일본식 고등어 초절임(p.102)

미소된장(p.26)

딸기 식초(p.187)　딸기잼(p.236)

직접 만들 때
자주 사용하는 도구들
일반적인 주방용품 외에도 + 추가해서 이런 것도 있으면 좋겠어요.
WANT
1. 측정할 일이 많다.
온도
무게
주방용 저울
온도계
디지털 저울이 좋음.
고기에 푹
찌를 수 있는 게...
시간
삐삐삐
주방 타이머
2. 보관할 게 많다.
우메보시 다쿠앙 미소된장 등
도구가 자꾸 늘어나.
하지만 이건 숙명 이라고.
유리병
무한대로 증식한다.
플라스틱 들통
대 { 과실주 / 과일 식초 / 과일 청·시럽
중 { 물김치 / 홀토마토 / 우스터소스
소 { 잼 / 각종 조미료
3. 건조할 게 많다.
우메보시 말린 채소 등
크고 작은 대나무 채반
건조망
건어물류 / 말린 과일 등
4. 계산할 게 많다.
포스트잇이 더...
스마트폰도 쓰지만
밀가루 중량의 40%의 물 → 400
메모가 중요! 까먹는다고...
2025.3.7 OX
연월일 식품명
흰색 마스킹 테이프
중요
유성펜
반드시 적자. 무조건 까먹는다.
5. 으깰 게 많다.
재료를 섞을 때도 자주 써요.
믹서
CHANGE
핸드 믹서
둘 다 가능하면 좋아요.
6. 가끔 짜야 할 때도 있다
두부 / 우스터소스 등
면포
조리용 면포 2~3장 있으면...

1

조미료는 무한하다

조미료는
이제 사지 않는다?!

원래 '조미료는 당연히 사는 거'라고 생각했어요.
하지만 예전에는 조미료를 가정에서 손수 만들어 먹었잖아요.
조미료를 직접 만들면 자기 입맛에 맞출 수 있고, 만드는 법도 의외로 간단해요!
이번 장에서는 직접 만들어 쓰는 저만의 조미료를 소개합니다.

●유자와 고추를 갈아 만든 페이스트.

토마토소스
만드는 법▶p.58
폰즈
만드는 법▶p.45
토마토케첩
만드는 법▶p.60
우스터소스
만드는 법▶p.50
멘쯔유
만드는 법▶p.44
홀 토마토
만드는 법▶p.62
라유
만드는 법▶p.72
타바스코풍
소스
만드는 법▶p.73
중식 조미료
만드는 법▶pp.68~71
만들어
볼게요!!
ウスター
ソース
ゆず
ぽん
ホールトマ
辣
油
甜麺醤
TAI

'조미료' 하면 일단 된장이지...
흠
된장이라 하면
부릉부릉
오카야마현 세토우치시에 있는 메이토 미소 혼포에 왔습니다.
메이토 미소 혼포
실례합니다!
잘 지내셨어요?
아, 하마타케 씨 어서 오세요!
참, 저는 메이토 미소 혼포의 미소된장을 정말 좋아해요.
현미 코지와 보리 코지를 섞은 혼합 미소 된장, 현미 코지 된장
메이토 미소 혼포 3대 사장 다카하라 류헤이 씨.
setouchi, okayama japan since 1954
형 다카하라 요헤이 씨.
마쓰오 씨.
된장을
만들고 싶어요.
GYOZA IS LAS VEGAS
GYOZA IS LAS VEGAS
혼합이요? 현미요?
네?

제가 만들 수 있을까요?
그야
물론이지요!
활짝 ~~~
미소된장은 실패할 일이 거의 없답니다.
틀림없이 성공할 거예요.
!!
1月
어디 보자
어디 보자
시기도 잘 맞춰 오셨네요.
아, 이 시기에는 생 코지도 있어요.
아니... 저는 초보인데요.
뒤적 뒤적
뒤적 뒤적
가정집에서는 삶는다.
미소된장을 만드는 기본 재료 3가지
소금
코지
대두
성공하길 빌어요!
대두를 쪄서
소금과 코지를 섞어
그걸로 끝이에요.
뭐, 나머지는 지나 봐야 하지만요.
감사합니다!
ITOU MISO
정말 괜찮을까...
으깬 다음
뭉친 후
숙성하면
일단 한번 해 보세요!
재료는 모두 준비했으니 이제 만들어 보자!

조미료는 무한하다

미소된장
Miso

재료

쌀코지	500g
대두	300g
소금	150g
대두 삶은물	270ml

6
코지를 손바닥으로 비벼 풀어 볼에 담고 소금과 섞는다.
쓱쓱
주물럭
피부에 상처가 있으면 따가워요.
이
익
콩을 삶은 물에도 대두의 영양소가 들어 있어요!
을 삶은 도 중요!
반죽이 뻑뻑하면 콩을 삶은 물을 조금씩 섞는다.
얼마나?
귓불만큼 말랑말랑할 정도로 →
7
부모님의 원수!
콩콩!!
대두를 으깨는 건지 뭘 하는 건지
위이이잉
병으로 으깨거나
블렌더로 갈아도 OK
8
대두와 소금, 코지를 잘 섞는다.
반죽을 둥글게 뭉친다.
MISO BALL
짜잔!
던지기 좋은 크기로
10
철썩!!
조물조물
조물조물
청결제일
9
용기 안쪽은 깨끗이 닦아 주세요.
곰팡이의 원인
반죽에 든 공기를 충분히 빼내며 용기에 담는다.
표면에 소금을 뿌린 다음 비닐랩으로 바싹 덮는다.
12
그로부터 2개월 후...
내용물을 골고루 섞는다.
어?
뚜껑을 덮어 숙성한다.
팽팽하게
게 곰팡이가 엇다면 내세요...
주걱을 사용하면 편해요.
뒤적 뒤적
뒤적 뒤적
바닥까지 골고루 섞는다!
굳굳굳...
어두운 곳에
11

미소된장 만들기 Q&A
'메이토 미소 혼포'의 다카하라씨에게 물어보자!

Q. 먼저 미소된장이 정확히 뭐예요?
A. 대두나 곡물을 찐 것.

소금
쌀이나 보리 같은 곡물로 만든 코지
발효
MISO
대두가 아니어도 OK

메이토 미소 혼포의 미소된장 레시피는
대두:코지=1:2
염분 11~12%
우리는 이렇게 만들어요.

뚝같이
처음에는 레시피대로 만들어 보고맛을 본 후에
자신의 입맛에 맞게 바꿔 보세요.
코지의 비율을 늘리면
단맛

미소된장의 종류

염분을 줄이면 부패할 수 있어요!
CAUTION!

[원료의 차이]

쌀 미소된장
무난한 맛
대두 + 쌀 코지 + 소금

보리 미소된장
단맛이 강한 편
대두 + 보리 코지 + 소금

아와세(혼합) 미소된장
맛이 순한 편
대두 + 보리 코지 or 쌀 코지 + 소금

콩 미소된장
맛이 진한 편
대두 + 소금 + 물
콩만 사용

[염분량의 차이]
아마 미소   아마구치 미소   가라구치 미소
달다!   부드럽다!   깔끔하다
적음   6% 정도   10% 정도   12% 정도   많음
염분량

마이야르 반응

[색의 차이]
일본 백 미소된장   일본 담색 미소된장   일본 적미소된장
달다!   흔히 말하는 미소된장   진한 감칠맛
짧다   수일~   6개월   ~5년 이상   길다
숙성기간

Q. 생 코지와 건조 코지 중 무엇이 더 좋나요?

A. 둘 다 써도 OK!

	생 코지	건조 코지
장점	*효소가 강하고 향이 좋다! *신선한 맛을 낸다.	*상온에서 장기 보관 가능! 필요할 때 언제든 된장을 담글 수 있다. *대두를 삶은 물을 부어 사용하므로 낭비를 줄일 수 있다!
단점	*보관 기간이 짧다 (냉장실에 1~2주간).	*효소의 힘이 떨어진다. *가격이 비싼 편이다.

Q. 용기를 선택하는 기준은 무엇인가요?

A. 플라스틱이든 유리든 상관없어요! 단, 둥근 용기를 고르세요.

Q. 보관 장소는 어디가 좋나요?

A. 직사광선이 닿지 않고, 눈에 잘 띄는 곳에 두세요.

미소된장 만들기 Q & A

Q. 미소된장은 왜 '겨울'에 담그나요?

A. 잡균이 번식하기 어렵기 때문입니다.

여름 온도가 높아 다들 기운이 넘친다.

겨울 온도가 낮아 유산균만 건강하다.

와 ─── 아

야호

1월

유산균 폭증

4월

잡균 방어막

유산균이 증가

효모 등장

알코올

자연스러운 온도 변화로 이러한 효과도 있어요.

점점 더 강해지는 잡균 방어막

그래도 여름 에 담그고 싶다는 용감한 사람은

숙성된 미소된장 뚜껑

숙성된 미소된장

새로 담근 미소된장

잡균이 들어오지 않아요.

오호!

숙성된 미소된장으로 뚜껑을 만들어 보세요.

Q.

곰팡이 문제!!

참고로,

가장자리에 하얀건 산막효모예요.

곰팡이를 방지하려면

청결이 가장 중요

도구는 물론!

반짝 반짝

알록달록 하네요.

으악

단백질 분해!

완전히 망했나요?

효모균입니다! 야~~~호

아미노산이 나온다.

표면에만 난 거니까

긁어내면 돼요.

A. 하지만 방치는 NO!

관찰이 중요

전체적인 향이 떨어져요.

용기 가장자리도 깨끗이

반짝 반짝

어쩌면
실패했을지도
어라?
뭔가 맛이 없어!!
도와줘요, 다카하라 씨!!
MISO BALL
Check!
POINT
미소된장을 담글 땐 수분 조절을 확실히!!
MISO About earlobe!
뭉친 반죽이 공처럼 둥글고 끈적끈적하게 손에 묻지 않을 정도의 질감으로
귓불 정도로!
Q. 너무 짠데.
A. 소금의 양을 정확히 맞췄는지 확인했나요?
골고루 섞으세요.
휘적
휘적
소금과 코지를 먼저 골고루 섞어 둔다.
담그는 과정이 중요하지.
수분문제
Q. 뭔가 질척질척해.
A. 담글 때 수분이 많다.
발효 과정에서 수분이 나와 너무 부드러워진다.
질—척
고인 국물
Q. 뭔가 딱딱하고 퍽퍽해.
A. 담글 때 수분이 적다.
발효가 잘 진행되지 않습니다.
퍽퍽
퍽퍽
Q. 뭔가 거무튀튀한데.
A. 숙성을 너무 한 게 아닐까?
묵직
시판 백 미소된장을 섞어도 맛있어요!
Q. 더 간단한 게 좋다면
대두를 으깬 후 거기에 바로 코지와 소금을 넣어보세요.
A. 지퍼백을 써 보자.
간—편
이대로 두면 미소된장이 된다.
여러분도 미소된장을 직접 만들어 보세요!

●찐 곡물에 특정 코지균(주로 누룩곰팡이의 일종인 '아스페르길루스 오리제Aspergillus oryzae')을 인위적으로 접종해 만드는 일본식 당화제로, 알코올 발효는 별도의 효모를 첨가해 진행한다. 반면 한국의 전통 누룩은 곰팡이, 효모, 박테리아 등 다양한 미생물이 함께 자라며 당화와 알코올 발효를 동시에 일으킨다.

●(앞쪽 갈색 병부터) 혼미림, 일본식 청주, 식초, 간장, 미소된장

균이요?
저기 저는 일이 있어서 이만...
딱석
더 들어봐요
이것들은 발효 식품이죠.
휙
EITOU MISO
1454
네, '곰팡이' 요.
다 몸에 좋아 보이는
LOVE
맛있는 들뿐이네요.
코지균이 몸에 좋고 맛있는 건가요?
미 소
식 초
여기에 전부 코지가 쓰여요.
ショうゆ
本酒
아니요!
누룩균 '자체'는
그렇지 않아요.
ジャジャン!
本酒
本みりん
당
아미노산
가므치리마스, 단맛
코지 만드는 과정을 보고 싶어요!
쌀의 전분을 먹는 중
냠냠
대두의 단백질을 먹는 중
냠냠
냠냠
코지균의 작용을 이용하는 거죠.
좋아요! 이쪽으로 오세요.

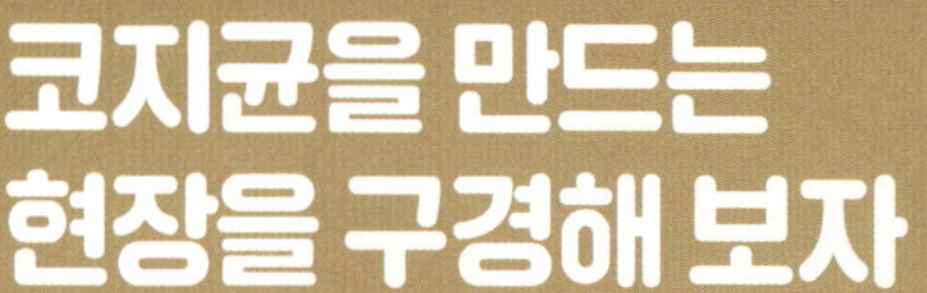

코지균을 만드는 현장을 구경해 보자

메이토 미소 혼포는 창업한 지 70년으로, 양조업계에서는 비교적 젊은 기업이에요.
전통적인 부분을 지키면서도 자기만의 코지를 만들기 위해 도전하고 있어요.
이번에는 여러 코지 가운데 백미로 쌀코지를 만드는 과정을 견학했습니다.

5 식히기
제국실에서 뜨거운 쌀을 큰 통에 넓게 펼쳐 열을 식힌다.
체온보다 조금 높은 정도까지
너무 뜨거우면 내가 살 수 없다고
송풍기가 돌아갈 정도로 증기가 가득하다.
우웅
위이이잉
꿉꿉해
종국
여기 있다! 코지균의 포자
안경을 쓰면 김이 서리니 벗는다.
EITO MI
제국실 내부는 습도가 높아요. 코지균이 번식하기 쉬운 환경이죠.
6 종국 뿌리기
코지를 만드는 씨가 되는 종국을 뿌린다.
휙휙
휙휙
코지균이 전체적으로 잘 퍼지게 섞어 넣어요.
7 섞어 뒤집기
약 24시간이 지나면 6시간마다 섞는다.
8 코지 완성
종국을 뿌린 지 48시간 만에 완성.
균을 균일하게 퍼뜨리고
뭉친 덩어리를 풀어요.
휘적휘적
증미 붕리기
쪄서 뭉친 쌀을 알알이 흐트러뜨리는 기계
짜잔
우웅

조미료는 무한하다

시오코지(누룩 소금) •
Shiokoji

아마코지 ••
Amakoji

●누룩소금.
●●쌀 코지에 찐 쌀과 물을 넣어 발효시킨 감미료.

●백미 150g으로 지은 밥의 양.

재료

건조 코지 ·················250g
밥 ·········· 약330g~345g●
뜨거운 물 ········· 300㎖

1 코지에 찬물 150㎖를 부어 불린다.

조르르

2 밥에 뜨거운 물을 넣어 섞는다.

조르르 조르르

전기밥솥

주의!
뜨거우면 균이 사멸해 버려요.

아마코지

4 보온 상태에서 6~8시간

뚜껑을 연 채로

55.0℃

3 내용물을 55℃까지 식힌 뒤 코지를 넣고 골고루 섞는다.

젖은 행주

가끔 섞는다.

완성

요거트 메이커를 사용하면 편해요.

오래 보관하려면 냉동을!

활용법

아마자케

레몬 등 새콤한 감귤류의 과즙을 넣는 방법도 추천.

둘 다 믹서기를 사용하면 편해요.

튜브 용기에 담아 설탕 대신 사용하세요.

취향대로 희석만 하면 된다.

달콤해요!

달걀말이

쉽게 타니 주의.

생선에 묻혀 구워도 최고!

돼지고기 생강구이

라테도 만들어 보세요.

●●쌀 코지나 술지게미를 발효시켜 만드는 일본의 전통 음료로 쌀 코지로 만든 아마자케는 쌀 코지 요거트, 술지게미가 들어가는
아마자케는 알코올 도수 1% 미만의 소프트드링크로 분류된다.

조미료는 무한하다

유즈코쇼
Yuzukosho

3 청양고추를 다진다.

4

2

청유자껍질을 얇게 간다.

1 청유자와 청양고추를 깨끗이 씻는다.

재료

청유자껍질	50g
청양고추	50g
[꼭지와 씨를 제거]	
소금	20g

재료
황유자 껍질 ············· 50g
말린 홍고추 ············· 5g
(꼭지와 씨를 제거)
소금 ················ 10g
1 : 0.1 : 0.2
껍질도 과육도
말랑말랑
겨울의 황유자
은은하고
부드러운 풍미의
유즈코쇼
고추는
말린 걸로!
1 황유자를
깨끗이 씻는다.
2 껍질을 얇게 벗긴다.
쏴
아ー
물기를 닦아 낸다.
흰 속껍질은
써요!
중식과
잘 어울려요.
보관용기에
담아
일주일간
과육은 과즙을
짜 둔다.
쭈욱ーー
완성
6
물에 불린다
3 껍질을 곱게
다진다.
유자즙(1작은술)
황유자
홍고추
소금
5 잘 비벼
섞는다.
벅벅
벅벅
골고루 골고루
4 홍고추를 잘게
다진다.
쓱쓱
꼭지와
씨는 제거
끼응
탁탁

조미료는 무한하다

육수(맛국물) ①
Dashi

볼 위에 체를 올리고 키친타월을 깐다.
볼
모락모락
가다랑어포를 넣자.
와르르
끓기 시작했군.
불을 세게 확 올린 뒤
지금부터는 후다닥 하자고.
얼른 넣어!
젓고 나서
불을 줄여.
휘익~
휘익~
거품을 살짝 걷어내.
음, 좋아!
속
불을 끄고 맛을 봐.
콸콸콸
솔솔 솔솔
그렇지?
체에 내려.
향긋
냄새가 끝내주네!
완성

육수(맛국물) ②
Dashi

채소가 잠길락 말락 할 정도의 물.
채소만
채소 부용
셀러리
날개 나
닭봉이
더 구하기 쉽다.
당근, 양파 등의 향 채소를 큼직하게 썰고
중불
끓으면
약불
30분 정도
추가
닭고기나 소고기
채소 + 고기
부용
얇게 썰기.
생강
일본식 청주도 약간
섞어도 OK
양지머리나 소 힘줄
중불
끓으면
약불
2시간 정도
체에 내린다!
공포의 실전 레시피
까악
콩소메
용기 있는 자만이 따라 하길!
부용에 들어가는 것과 같은 고기·채소 (1/4 분량)를 잘게 간다.
위이이잉
달걀흰자와 섞는다.
질척
섞지 않는다.
부용에 넣고
구멍을 뚫는다.
건드리지 않아요.
체에 내린다.
2시간
약불
중불
간 정도
체에 내린다.

시로다시
Shirodashi

멘쯔유
Mentsuyu

재료

황유자 과즙	100㎖	다시마	5g
간장	150㎖	가다랑어포	5g

감식초

persimmon vinegar

재료

감	적당량

조미료는 무한하다

각종 소금
Salt arrangement

섞어서 만들기

섞을 재료와 소금을
1대 1로 섞었지만
취향대로 양을 조절
해도 된다.

허브 소금

좋아하는 허브 + 소금
1:1

생 허브는
말려서

가루로 만

카레 소금

가람 마살라 + 소금
1:1

감자샐러드

맛이나 향을
가미한 소금에
관해 물어 봤다.

이치미토가라시 (고춧가루) + 소금

이치미토가라시 + 소금
1:1

귤 소금

귤껍질 + 소금
1:1

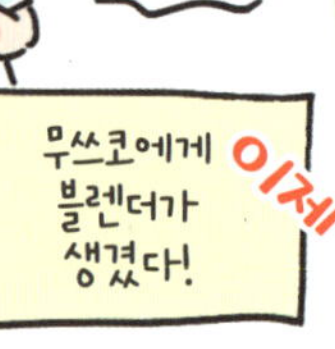

두부에 뿌린다.

●매실을 소금에 절였을 때 나오는 국물, p.146 참조.

수많은 음식점이 즐비한 후쿠오카시의 번화가다이묘.
LAS VEGAS
화려한 포렴이 걸린 교자 가게 안쪽에
Yorgo
오, 무쓰코. 뭐 하러 왔어?
요르고의 소유주 겸 대표 가와세 가즈마 씨.
그중에서도 인기 비스트로인 '요르고'
아니, 나도 손님이라고!
소스 말이야, 직접 만들어?
아니, 애초에 소스란 게 뭐야?
뭐가 궁금한데?
SAUCE
소스 sauce
라틴어로 '소금을 친'이라는 뜻의 '살수스(Salsus)'가 어원이다.
이런 게 다 소스야.
질문의 범우 너무 넓다.
주노 소스
좋아하는 소스
마요네즈
간장
TOMATO
토마토 소스
나도 몰라! 그냥 소스를 만들고 싶다고~~~
요르고의 명물
레어카츠
쿵
음~
자, 먹어봐.
!!
아, 정말~
와~
음

그렇지, 우스터소스!
우스터소스란 채소나
과일 엑기스에
설탕이나 향신료를
첨가한 액체 조미료로
19세기 초 영국 우스터셔주에서 탄생했다고 알려져 있다.
LEA & PERRINS
음!
범용성도 뛰어나서 많은
소스의 베이스로 쓰이지.
소스의 왕!
우스터냐
우스터가 아니냐
우스터 소스
그 소스도 우스터소스를 베이스로 한 거야
정말?
만들어 볼래!
좋아, 가르쳐 주지.
나 말고 유조가.
엣?
그치?
아니, 나는 귀찮단 말이야~
저기, 셰프?
그럼 열심히 해 봐.
죄송해요...
...그럼 만들어 볼까요? 우스터소스.
부탁드립니다!

조미료는 무한하다

우스터소스
Worcestershire sauce

2 삼온당을 캐러멜라이징한다.

삼온당을 불에 올린다.

물 1리터 준비

깊은 풍미를 내는 요인.

오래

서서히 녹는다

냄비를 살짝 기울여서

약불

보글

건드리지 마세요.

짙은 갈색으로 변했다.

보글

녹이고 또 녹인 뒤

삼온당이 전부 녹으면 불에서 내리고 물을 단숨에 붓는다.

화상 조심

1 사전 준비.

각 재료의 분량을 재거나 썰어 둔다.

A. 믹서에 갈 재료이므로 작게 썬다.

계량 한다.

음~

또각 또각

양파는 잘게 다진다.

B.

씨를 제거 한다.

살짝 부순다.

C.

D. 간장 그래뉴러당

E. 쌀 식초

재료

삼온당 ·······20g	양파(다진것) ·······200g	물 ·······1ℓ
A 당근 ·······150g	B 클로브 ·······3개	올스파이스 ·······2g
셀러리 ·······50g	월계수잎 ·······1장	(모두 분말)
셀러리잎 ·······18g	흑후추 ·······3알	
사과 ·······1개	홍고추 ·······2개	D 간장 ·······20㎖
생강 ·······20g		소금 ·······30g
마늘 ·······20g	C 시나몬 ·······1.5g	그래뉴러당 ·······13g
토마토 ·······200g	육두구(너트메그) ·······2g	
		E 쌀 식초 ·······10㎖

3 양파를 볶는다.
치이익
치이익
살짝 투명해질 정도로.
4 A. 의 채소를 믹서에 넣고 간다.
으쌰 으쌰
위이이잉
양이 많아 나눠 갈았다.
걸쭉한 채소 페이스트
볶은 양파
5 모두 섞는대!
채소 인더 하우스
간 채소
우르르르르르
캐러멜라이징한 물.
6 1시간 동안 불에 펄펄 끓인다.
스파이스 인더 하우스!
B. C. 향신료도 투하
타지 않도록 하세요.
왜 저래.
아까부터.
면포에 거른 국물에 D. 를 넣고
9
7 핸드블렌더로 곱게 간 다음
짜고 남은 찌꺼기
위이이이이잉
8 면포에 거른다.
끄응~~~
졸졸
흐읍
흐읍
졸졸졸졸졸졸
물의 양이 절반으로 줄어들 때까지 졸인 후
E. 의 쌀 식초를 넣고
5분간 팔팔 끓이면
완성
쓱
꺄악!
덕지
덕지
짝짝
오, 마이쪄!
튀지 않게 조심하세요.

조미료는 무한하다

각종 소스
Source

오코노미야키 소스

재료

우스터소스	3큰술
케첩	3큰술
설탕	1큰술
감자전분	적당량

1 섞는다!

오로라 소스

재료

케첩	1큰술
간장	2작은술
우스터소스	2작은술
설탕	2작은술
소금, 후추	약간

돈가스 소스

케첩 ············· 3큰술
간장 ············· 2작은술
우스터소스 ····· 2작은술
설탕 ············· 2작은술
물 ··············· ½큰술

야키소바 소스

우스터소스 ········· 1과 ½큰술
간장 ··················· 1큰술
일본식 청주 ··········· 1큰술
굴소스 ················· 1큰술

데미글라스풍 소스

우스터소스 ·········· 3큰술
케첩 ················· 3큰술
물 ··················· 150㎖
버터 ················· 10g

일식에 주로 쓰는 양념 대부분은 직접 만들 수 있다!

재료

간장	3큰술	참기름	1작은술
청주	1큰술	사과	¼개
설탕	1큰술	마늘	1쪽
고춧가루	½큰술	생강	1조각
참깨	1작은술	레몬	적당량

1 불고기 양념

오로시노타레

재료

무	250g
간장	100㎖
미림	50㎖
식초	50㎖
마늘	약간

2

재료

참깨 페이스트	3큰술
참깨	1큰술
설탕	1작은술
식초	1작은술
소금	한 꼬집

3 참깨 소스

4 스키야키 소스

재료

간장	100㎖
일본식 청주	100㎖
미림	100㎖
설탕	30g

● 볶은 참깨를 기름이 나올 때까지 갈아 페이스트 상태로 만든 것.
●● 무를 갈아 만든 소스

짜——잔!
뭐야, 그게?
내가 만든 드레싱이야.
먹어 볼래.
됐어.
요르고 가오세 셰프.
자, 먹어봐!
뭐라—!!
어휴, 어쩔 수 없지.
너무 짜.
일단 맛은 본다.
허걱
게다가 너무 많이 만들었어.
으———음
그걸 매일 먹으려고?
짤 텐데?
얼른 먹지 않으면 상할걸?
내 말 듣고 있어?
씨익 씨익
아니, 저 놈이!
드레싱은
한 번에 많이 만들지 마세요.
피식
무쓰코처럼 되거든요.
빠빠빠밝!
먹고 싶을 때 딱 먹고 싶은 양만.
Fresh!!
신선해야 당연히 더 맛이 좋지요.
그래요, 드레싱은 라이브입니다!

조미료는 무한하다

드레싱
Dressing

●참깨를 전혀 볶지 않고 압착한 제품으로 기름이 맑고 투명하며 참깨 고유의 향이 매우 약하다.

●(왼쪽부터) 유즈코쇼, 미소된장

유즈코쇼 드레싱
고형물을 넣을 때는 2단계로 나눠주세요.
* 재료를 섞기 쉽다!
* 간을 맞추기 편하다!
1
고형물
물
식초
기름
타이하쿠 참기름
유즈코쇼
살짝
2
소금 솔솔
채소 넣기
+
우메보시 드레싱
1
고형물
우메보시
레몬즙
물
타이하쿠 참기름
가다랑어포
살짝
휘적 휘적
휘적 휘적
2
소금 솔솔
채소 넣기
+
간장 드레싱
1
물
간장
레몬즙
마늘
간 마늘
채소를 넣는다.
2
타이하쿠 참기름
기름
참기름
맛과 향이 튀지 않아 추천.
3
소금
솔솔솔
미소 된장 호두 드레싱
1
고형물
미소된장
식초
물
기름
타이하쿠 참기름
참기름
일반 참기름은 너무 많이 넣지 마세요.
향이 강해요!
휘적 휘적
휘적 휘적
2
소금 솔솔
채소 넣기
호두
으깨서 토핑
+
안초비 마요네즈 드레싱
1
고형물
안초비
레몬즙
마요네즈
물
기름
다져서
마요네즈는 완전히 유화 시킬 거!
주룩 주룩
주룩 주룩
채소 넣기
2
소금 솔솔
아직도 먹는 거야?
배불러
꺼억
+

토마토소스
Tomato sauce

재료

토마토	큰 것 5개(약 1kg)	홍고추	1개
양파	¼개	올리브유	2큰술
마늘	1쪽	소금	1큰술
바질잎	1장	설탕	약간

절반 정도로 줄어들 때까지
4 모든 재료를 넣고
총집합
와~!!
와~
5 섞어서 잠시 끓인다.
2~3분
보글
보글
골고루 섞는다.
6 보관할 병에 담는다.
첨벙
완성
바질 잎은 건져낸다.
이후에
탈기 를
하면 상온에 장기 보관할 수도 있어요.
자세한 내용은 <pp.62~63 홀 토마토·토마토 퓌레> 참조.
보관
* 냉장실 일주일간.
* 냉동 보관도 가능.
FISH
병 열탕 소독
1 병이 완전히 잠길 정도로 물을 부은 다음 냄비를 불에 올린다.
병을 옆으로 눕혀도 된다.
뚜껑도 함께
물이 끓으면 그대로 5분간 둔다.
3 병을 거꾸로 세운 채 자연 건조한다.
2 보글 보글
뜨거워

조미료는 무한하다

토마토케첩
Tomato Ketchup

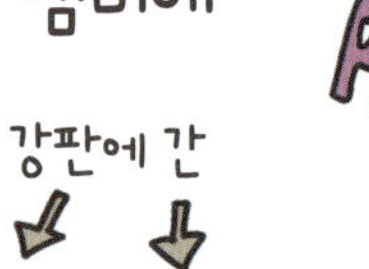

재료

		A	
토마토	큰 것 5개[약1kg]	설탕	3큰술
양파	¼개	소금	1큰술
마늘	1쪽	월계수잎	2장
레몬	적당량	올스파이스	1작은술
		백후추	약간

넣고 섞는다.
4 중불에 올린다.
거품은 걷어 내지 않아요.
펄펄 끓인다.
1시간 정도
가끔 젓는다.
오므라이스
걸쭉 해져요.
보글
5 맛을 보며 간을 조절한다.
좀 더 새콤하게는 레몬즙
좀 더 달게는
설탕
시나몬
클로브
향신료를 첨가 해도 좋다.
토마토로만 만들지 않아요!
케첩 은
채소나 과일, 심지어 어패류나 버섯 등을 원료로 하는 조미료입니다.
바나나
양송이 버섯
시판 제품도 있고, 직접 만들 수도 있어요.
벌써 몸이 근질근질한데 ♥
6 보관할 병에 담는다.
주르르륵
완성
보관
장기 보관
*냉장 ... 약 1년.
*냉동해도 OK
월계수 잎은 건진다.

홀 토마토
Whole tomato

토마토퓌레
Tomato puree

홀 토마토

사전 준비

재료

토마토	원하는 만큼
소금	적당량
물	적당량

이어서
토마토
퓌레
1 토마토를 으깬다.
사전 준비
꼭지를 제거한다
깨끗이 씻는다.
퍽퍽!
2 불에 올린다.
소금을 살짝
솔솔
중불
3
끓어오르면
뚜껑
20분
약불
4 물기를 뺀다.
국물
뚝뚝
수프를 만들자.
병에 담은 뒤
콸 콸
콸 콸
5 믹서로 부드럽게 갈아
탈기 한다.
탈기
(脫氣)
병 안의 공기를 빼 상온에서도 장기간 보관할 수 있게 한다.
1 뚜껑 아래까지 물을 채워 불에 올린다.
뚜껑은 느슨하게
찰랑
2 뜨거운 상태에서 뚜껑을 꽉 닫는다.
으그그
끓으면
약불
꽈아 ─ 악!!
앗, 뜨거워!
20분 정도
식힌다.
게 만들어 언제든지 의 맛을 수 있지.
p.59 병 열탕 소독까지 함께 하면 천하무적!
3
* 상온에서 반년~1년간 보관 가능.
* 어둡고 서늘한 곳에 둔다.

CHAPTER 1

조미료는 무한하다

마요네즈

Mayonnaise

재료

달걀노른자	1개 분량	샐러드유	½컵
식초	1큰술	후추	약간
소금	⅔작은술		

프렌치 머스터드
French mustard

재료

머스터드 분말	1큰술
화이트 와인 비네거	2큰술
소금	⅓작은술
설탕	약간

1 모든 재료를 골고루 섞는다.

부드러운 매운 맛

완성

홀 그레인(씨겨자)
머스터드 ●
Tsubu mustard

재료

노란 겨자씨	2큰술
갈색 겨자씨	1큰술
화이트 와인 비네거	2큰술
소금	작은술
설탕	약간

1 겨자씨를 물에 불린다.

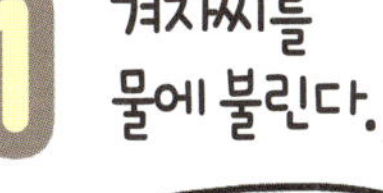
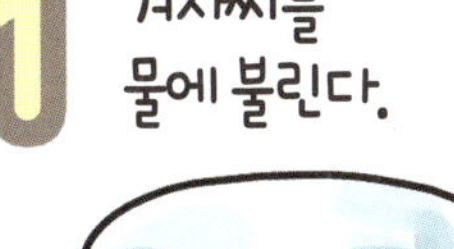

물기를 제거한 후 살짝 으깬다.

2 모든 재료를 골고루 섞는다.

완성

●겨자씨 알갱이가 살아 있는 머스터드로, 독자의 이해를 돕기 위해 국내에서 주로 쓰이는 명칭인'홀 그레인 머스터드'로 의역했다.

고추장
Gochujang

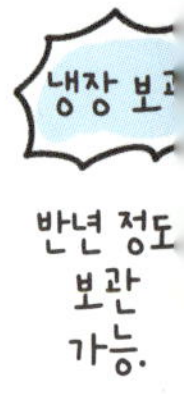

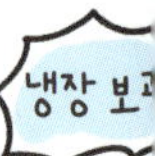

재료

쌀코지	200g	소금	50g
찹쌀	75g	고춧가루	30g
대두	50g	대두 삶은물	2컵

5
쌀 코지를 곱게 간다.
6
합체
여기에 찹쌀밥 + 대두
대두 삶은 물
1컵
바닥에 눌어붙지 않게
약불
다시 불에 올린다.
7
냄비에 옮겨 담고 불에 올린다.
쫄기쫄기쫄
처처리
처음에만
대두 삶은 물 1컵
휴식
30분간을
끓어오르면
8
9
요거트 메이커를 이용해도 된다.
60°C에 6시간 정도면 OK
3~4회 반복한다.
불을 끈다.
걸----------쭉
완성
비빔밥
맛이 잘 스며들게 잠시 둔다.
병에 담아 보관하자.
새빨개!
딴----------딴
10
잘 섞는다.
나머지 재료를 모두 넣고
소금
고춧가루
휘적
휘적

두반장
Tobanian

첨면장
Tenmenjan

1 사전 준비.

깍지를 벌려
콩을 꺼낸 뒤
검은 부분을
뜯어낸다.

2 끓인 물에
넣는다.

3 체에
내린다.

100g은
10깍지 정도.

4 얇은 껍질을
벗긴다.

5

오래 숙성해도 맛있다.

발견

미소된장 만드는 법이랑
비슷해서 겹치는 요령도
있어요!

이런 점도
된장과 같
PP.26~3

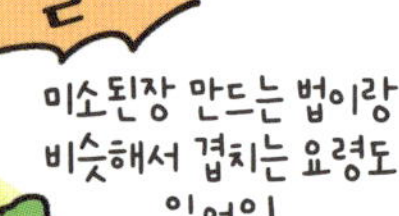

두반장

제철
4~6월

하늘을 향해
뻗으며
자라요.

마파두부

잠두	쌀 코지	소금	고춧가루
1	0.5	0.2	0.1

재료

잠두(콩만 사용) ···················· 100g
쌀 코지 ··························· 50g
소금 ····························· 20g
고춧가루 ·························· 10g

익서로
간다.

6 다 섞는다.

휙
주륵
스르륵

하나 더!

7
퍽
잘 섞는다.

너무 되직하면
콩 삶은 물을
더 넣는다.

휘적
휘적
휘적

성

8 병에 담아

꾹꾹

소독
필수

완성

9

6개월 정도 보관

하고
곳에서

안쪽에 랩을
씌운 뒤
뚜껑을
닫는다.

딱 달라붙게

수제
두반장과
첨면장으로

마
있
다
!!

귓불
정도의
질감.

청면장

재료

적된장 ················ 600g
비정제 원당 ··········· 300g
간장 ················· 3큰술
일본식 청주 ········· 3큰술
참기름 ··········· ½작은술

1 모든 재료를 넣고
불에 올린다.

← 쉽게 타니 계속 젓는다.

약불

앗
뜨거워!

튀잖아...

2 부글부글 끓으면
바짝 졸인다.

부글
부글

완성

• 냉장 보관.
• 3개월 정도
보관 가능.

두시장
Tochijan

●중국식 발효 검은콩.

재료

두시	50g	설탕	1큰술
양파	⅛개	진피	5g
마늘	3쪽	샐러드유	5큰술

1 재료를 잘게 다진다.

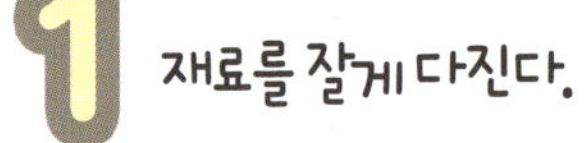

2 기름이나 물을 두르지 않고 두시를 프라이팬에 볶는다.

3 볶는다.

이 순서

완성

만드는 법은 p.180 참조

4

XO장
XOjan

재료

말린 조개관자	50g	A	
말린 새우	20g	소흥주	1큰술
생햄	20g	굴소스	1큰술
양파	½개	남플라	2작은술
마늘	1쪽		
홍고추	1개	참기름	적당량

1 물에 불린다.

2 잘게 다진다.

감칠맛
폭발!

완성

3 볶는다.

4 다져 놓은 나머지 재료 with 새우와 조개관자 불린 물.

5 병에 담고 참기름을 가득 채운다.

A의 조미료를 첨가한다.

굴 소스
Oyster sauce

재료

굴	400g	간장	100ml
양파	½개	후추	약간
비정제 원당	2큰술	소금	적당량
소흥주	100ml		

조미료는 무한하다

라유
Chili oil

1 참깨를 간다.

내열볼에 고춧가루와 함께 섞는다.

5 보관할 병에 옮겨 담는다. 생강 껍질, 대파, 팔각은 건져낸다.

완성

4 숟가락으로 섞은 뒤, 그대로 식힌다.

달궈진 참기름을 내열볼에 붓는다.

2 프라이팬에 참기름을 넣어 달군다.

3

타바스코풍 소스
Pepper sauce

재료

생 홍고추	·············	70g
식초	·············	200ml
소금	·············	7g

1 고추를 작게 자른다.

2 믹서에 넣어 더 잘게 간다.

3

6 완성

냉장실에 2주일간 둔다.

5 뚜껑을 덮고 흔든다.

4 식초 절반 분량과 소금을 넣고 잘 섞는다.

남은 식초와 함께 보관할 병에 담는다.

스위트 칠리소스
Sweet chili sauce

재료

홍고추	3개	식초	50ml
감자 전분	1큰술	설탕	2큰술
마늘	1쪽	소금	약간

와인 비네거
Wine vinegar

재료

레드 와인 또는 화이트 와인● ················ 200ml
식초 ································· 50ml
감 ································· 1개

● 산화방지제 무첨가 와인으로 준비한다.

조미료는 무한하다

카레 루 ①
(캐러멜라이징 양파)
Curry roux

재료(약 8인분)

양파	900g
소금	적당량
샐러드유	적당량

볶고 또 볶는다.
태우면 탄 맛이 농축돼 버려요.
Q. 볶는 도중에 양파의 색이 고르지 않게 되면?
물을 넣어 볶아도 OK!
되도록 건드리지 마세요!
계속 약불로
고르게 익히는 게 좋죠!
천천히 오래 볶는다.
자작
1시간 경과
가끔 섞는다.
자작
살짝 맛을 보았다.
달아!
양파에
먹음직스러운 갈색으로 변했네.
마이야르 반응을 일으키는 거예요.
마이야르 반응이요?!
흠...
갈색으로 변한 양파는 색뿐만 아니라 맛도 마치 엿처럼 달아!
양파가 처음의 3분의 1 분량이 되게 하세요!
반대로 태워서는 안 돼요.
마이야르 반응
지글
완성
지글
맞아요, 힘든 작업이니까 그냥 사서 써도 괜찮아요.
조금만 더하면
1시간반 경과
2시간 걸렸다.
끝
이봐...
양파 소테
아니면 시간이 많을 때 잔뜩 만들어 냉동해 둔다!
자, 이제 카레 루를 만들까요?
맛은 이미 보장!

조미료는 무한하다

카레 루 ②

캐러멜라이징 양파를
넣고 볶는다.

3

자극적인 맛에 약한
어린이들을 위해
여기서 향신료를
체에 걸러도 OK!

쿠민 in

라드에 향을
입혔으니까요.

2

재료 A (쿠민 제외)를
불에 올린다.

← 매우 약불

1

재료 준비 (분량 재기, 나누기 등…)

향신료 + 소금은
분량을 잰 뒤
합쳐 놓아도 된다.

A. 카다멈은
살짝
쪼개 둔다.

C.

토마토퓌레는
따로 담기.

**But 쿠민은
따로 담을 것.**

D. 합쳐놔도 OK!

E. 화이트 루

B. 마늘, 생강

─튜브 제품이나 냉동
제품을 써도 된다.

1. 약불에 버터를 녹인다.
2. 밀가루를 넣고 섞는다.
＊만들 분량은 사용하기 직전에
계산한다.

버터 1 ↓↓ 밀가루 1

태우지
말 것.

물 40
카

녹으면

재료 (약 8인분)

A		C		D	
라드 (돼지기름)	60g	파프리카 분말	8g	간장	100ml
통 클로브	8개	코리앤더 분말	15g	원당	40g
통 카다멈	8개	쿠민 분말	10g		
통 겨자씨	5g	흑후추 분말	4g	E	
통 쿠민 씨	5g	카다멈 분말	10g	무염버터 : 밀가루 = 1:1	
		클로브 분말	4g	(분량의 0.05배 사용)	
B		소금	12g		
간 마늘	30g	토마토퓌레	90g		
간 생강	30g				

를 넣고

5 재료 C, (분말 타입의 향신료+소금)를 넣고 볶는다.

6 토마토퓌레를 살짝 볶는다.

꽤 되직한데요.
물을 좀 넣어도 OK!

찐득
찐득
찐득
잘 섞으세요!

지글지글
풋내가 사라질 때까지

약속 태우지 말 것

한쪽으로 살짝 모으고
토마토의 풋내를 날린다.

잊지 말고 맛도 보세요!
뭐, 괜찮네.

골고루 섞자.

7 재료 D.를 넣고 가볍게 섞는다.

섞는 인생

8 중량을 잰다.

필요한 재료 량을 계산! 재료 E를 넣고 섞는다.

중량×0.05배 = E, (화이트 루)

사용법

치킨 카레 (4인분)

1. 닭봉 8개
물 600g
향미 채소
※대파의 푸른 부분, 셀러리 등
(다 익으면 건진다).

2. 약불에 30분간 익힌다.

마시있어!

9 블렌더로 부드럽게 간다.

위이잉

냉동 보관 하는 게 좋다.

…마 카레 (4인분)

1. 눌어 붙이듯 볶는다.

꾹꾹

돼지고기+소고기 혼합 다짐육 300g

카레 루 340g 넣고 약불에 10분

Column

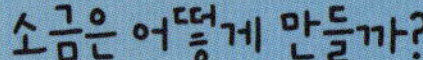

소금은 어떻게 만들까?

일식, 양식, 중식 등 어떤 요리든 소금이 쓰입니다.

맛있는 소금만 있으면 밥이나 채소, 고기가 전부 최고의 요리가 되지요. 소금 정말 좋아!

그런데 소금은 어떻게 만들까요? 기왕이면 '맛있는 소금'을 만드는 곳을 구경하고 싶었습니다.

그래서 후쿠오카현 서쪽, 이토시마 반도의 돌출부에서

전통 방식으로 소금을 생산하는 제염소인

'마타이치노시오 제염소 공방 톳탄'을 견학해 봤습니다.

2
해수 끓이기
5일 동안 해수를 가마에 끓인다.
온도가 너무 올라가지 않도록
공기를 쏘이며 해수를 섞는다.
덩어리 떠오르기 시작한 소금 결정
정돈하며 섞습니다.
60~70°C를 유지하며 결정화시킨다.
전혀 다르네!
바닥에 가라앉은 소금 결정
3
건조
선별
굽기
용기에
담기
완성
창문 너머로 공방이 보인다
멋지다!
되는
이가
여기서 생산한 소금을
친환경적인 분리수거!
바로 살 수 있다 ♥
맛있어!
소금을 뿌려 먹는 푸딩
음료나 이곳에서만 파는 푸딩도 살 수 있다.

마타이치노시오 제염소 '공방 톳탄'

후쿠오카현 이토시마시 시마케야 3757

영업 시간: 10:00 ∼ 17:00 (연말연시는 휴무)

홈페이지: https://mataichi.info/tottan/

내가 사랑한 가공식품

오늘의 주인공은
너로 정했다!
You are the star.
대표적인 수제 메뉴인 로스 햄과 각종 훈제부터 어패류와 두부까지!
하나둘 만들 수 있게 되면 점점 불이 붙어 버린다.
주연급에 해당하는 갖가지 식품을 단숨에 만들어 보자.
각종 훈제.훈제 연어
만드는 법 ▶ p.98
안초비/남플라
만드는 법 ▶ p.108
오일 포칭
만드는 법 ▶ p.116
일본식 고등어 초절임
만드는 법 ▶ p.102
곤부지메
만드는 법 ▶ p.104
치쿠와
만드는 법 ▶ p.123
술지게미 절임
만드는 법 ▶ p.114
연어알 간장 절임
만드는 법 ▶ p.110
명란젓
만드는 법 ▶ p.112
일본식 오징어젓갈
만드는 법 ▶ p.106

비엔나소시지
만드는 법 ▶ p.94
로스 햄
만드는 법 ▶ p.88
베이컨
만드는 법 ▶ p.100
한펜
만드는 법 ▶ p.125
돼지고기 런천미트
만드는 법 ▶ p.93
콘드비프
만드는 법 ▶ p.90
곤약
만드는 법 ▶ p.126
워터 포칭
만드는 법 ▶ p.120
닭 간 파테
만드는 법 ▶ p.92
가마보코
만드는 법 ▶ p.122
사쓰마아게
만드는 법 ▶ p.124

하지만 직접 만들기는 어려워 보이는데…
오늘 밤도 요르고
머어엉
휴우
무쓰코, 그 표정은 뭐야?
야!
휴우
너 엄청 삐ーーー이! 한데.
늘 그랬나?
아니 이 사람이!
그야 사람마다 다르지
일단 한번 해볼ㄹ
다음 잔은 뭐로 할ㄹ
84~85쪽에서 소개한 것들 말이야.
베이컨
안초비
비엔나소시지
일본식 고등어 초절임
머엉~
쓱…
역시 만들기 어렵나?
먼저 소금을 넣는 법이나 염지액 이라든가
그리고 온도의 중요성
등을 지키면 어떻게든 되려나?
잘 모르겠지만
뭐, 열심히 해 봐 ♥

킹그읏
이번에는
또 뭐야, 그 표정은.
무서워!
가르쳐 줘~
알았으니까 그 표정 좀 그만해!
인세를 받아야겠어.
콘드비프
생선도 할까?
그것 말고도 이것저것 해 봐!
내가 봐줄 테니까.
일본식 고등어 초절임
연어알!
좋아, 가르쳐 주지.
먼저 햄부터 하자고.
HAM
햄!!
나카무라 소환
??
마침 잘됐어!
둘이서 하고 있어.
담배 좀 한 대 피우고 올게.
네? 뭐예요.
조송해요~~
무슨 일이에요?

로스 햄
Roast Ham

재료

돼지고기 등심(또는 목살)	<염지액>
······· 원하는 만큼	물 ················적당량
마늘 ················ 약간	소금 ···············적당량
올리브유 ············· 약간	설탕 ···············적당량
로즈메리 ··········취향껏	월계수 잎 ·············1장
	통 백후추 ··········적당량
	허브 ··············취향껏

냉장실에
~3일 정도
고기가 크면 며칠 두어도 OK
3일 후
뽀얘진다
4
흐르는 물에 담근다.
조르조르조르조르
소금기를 빼는 거예요.
30분~1시간
5
비닐봉지에 담는다.
엑스트라 버진 올리브유
로즈메리
마늘
지퍼백에 담아도 OK
6
65℃
뜨거운 물에
인 더 하우스!
봉지의 공기를 빼면서 물에 넣는다.
수비드 머신이 있으면 편하다.
보글 보글
대체 왜 저러는 거야.
← 매우 약불을 유지
밀봉한다.
꽉
잘 익고 있는지 불안하네...
얇게 써는 편이 더 맛있어.
우와———
고기를 익힐 때는 심부 온도를 정확히 맞춰야 합니다.
훗
고기의 중심 온도를 확인해 보자.
65℃
부드럽고 담백
안심
완성
*고기가 작으면 더 짧게, 크면 더 길게
65℃에서
약 2시간
*약 1kg 기준.

내가 사랑한 가공식품

콘드비프
Corned beef

냉장실에
2~3일 둔다.
COOL
크기에 따라
차이 남.
4
5 고기를 적당한 크기로 자른다.
절대로
찢을 거니까요.
6 삶는다.
끓으면 넣는다.
보글
보글
보글
보글
보글
보글
셀러리
향미 채소는
뭐든지 좋다.
쪽파
뿌리
당근
풍미를 더할
주니퍼베리
괜찮다면
흑후추도
취향껏
그냥 물에
삶아도 된다.
다만 이런
재료를 너무
많이 넣으면
국물이
수프가
돼.
그러니까 거품도
살짝만 걷어 낸다.
인 더 하우스
인 더 하우스
인 더 하우스
풍덩
척척
카레의 육수로도
활용할 수 있다.
조금만
2시간 정도 펄펄 끓인다.
(속까지 잘 익어 고기가 야들야들해질 때까지)
완성
7 고기를 결대로 찢는다.
다 끓였다.
비프
위치
썰어서
먹어도 맛있다.
쭉쭉
따끈
마요네즈
소스
따끈
홀 그레인 머스터드와
잘 어울린다!
쭉쭉
을 씌워 냉장 보관.
따끈

내가 사랑한 가공식품

닭 간 파테
Chicken Liver Pate

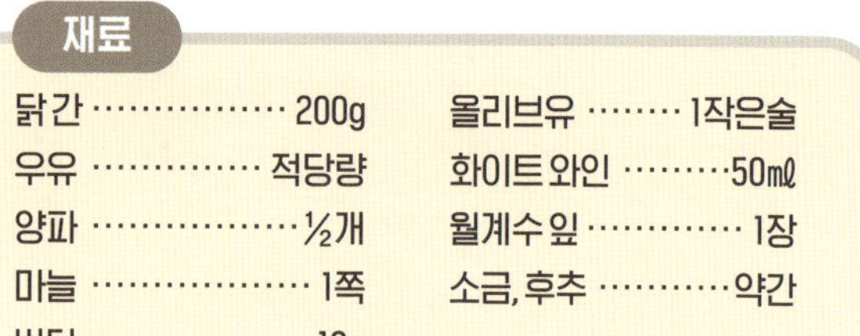

재료

닭간	200g	올리브유	1작은술
우유	적당량	화이트 와인	50㎖
양파	½개	월계수잎	1장
마늘	1쪽	소금, 후추	약간
버터	10g		

1 간 손질하기.

우유에 담가 둔다.

깨끗이 씻어 흰 부분과 검붉은 부분을 제거한다.

힘줄
혈관
쭈욱
손으로 잡아

잡내 제거
in 냉장실 30분 이상

물기를 제거한다.

키친타월

2 양파, 마늘을 잘게 다진다.

톡톡

3 마늘을 볶는다.

올리브유와 버터를 넣어 녹이고

마늘 향이 올라오면

약불

4 양파와 닭 간을 넣고

지글 지글

중불

5 화이트 와인, 월계수 잎 넣고 바짝 조린다.

소금
후추

보글 보글

익으면

6 믹서에 간다.

되직

윙이이이잉!

완성

핑크페퍼가 잘 어울린다.

돼지고기 런천미트
Pork luncheon meat

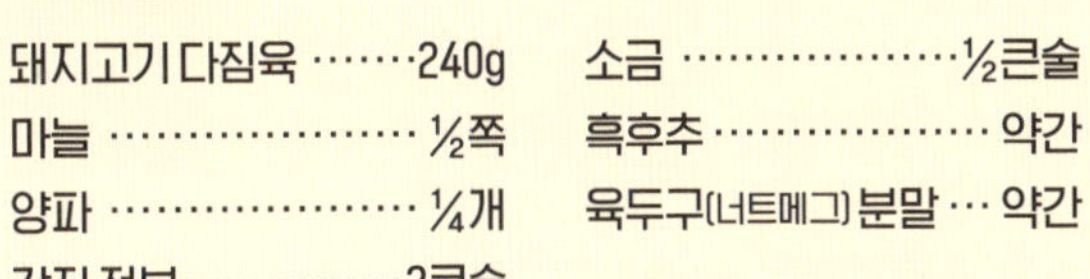

비엔나소시지
Wiener sausa

3 찰기가 생길 때까지

반죽을 충분히 한다.

주물 주물

둥둥 둥둥

맛있게 매운맛을

즐기는 사람은 카옌 페퍼와 파프리카 분말

초리소가 된다.

4 더 열심히 반죽한다.

얼음물을 살짝 쿡

다짐육 덩어리가 사라질 때까지

주물 주물 주물 주물

손이 얼겠어.

생 허브를 넣어도 된다.

취향껏

육두구 세이지 흑후추

5 짤주머니 준비.

깍지

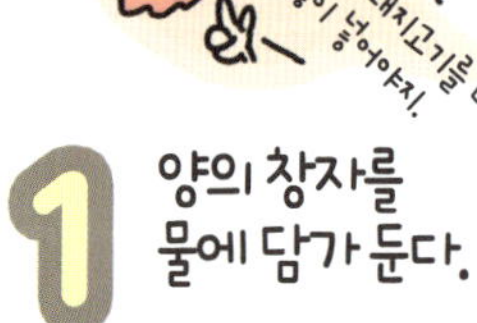

2 재료를 모두 섞는다!

고기의 비율도 취향껏

나는 돼지고기를 더 많이 넣어야지.

마늘 간다.

촉촉해진다.

1 양의 창자를 물에 담가 둔다.

반으로 자른다.

싹둑

불을 얼음물에 담가 식히면서

둥둥 둥둥

나중에 구워도 맛있다.

지글지글

냉동 보관

재료

소금에 절인 양의 창자	2m	<향신료(전부 분말)>	
돼지고기 다짐육	300g	육두구(너트메그)	¼작은술
소고기 다짐육	100g	흑후추	¼작은술
마늘	1쪽	세이지	⅛작은술
소금	1작은술		

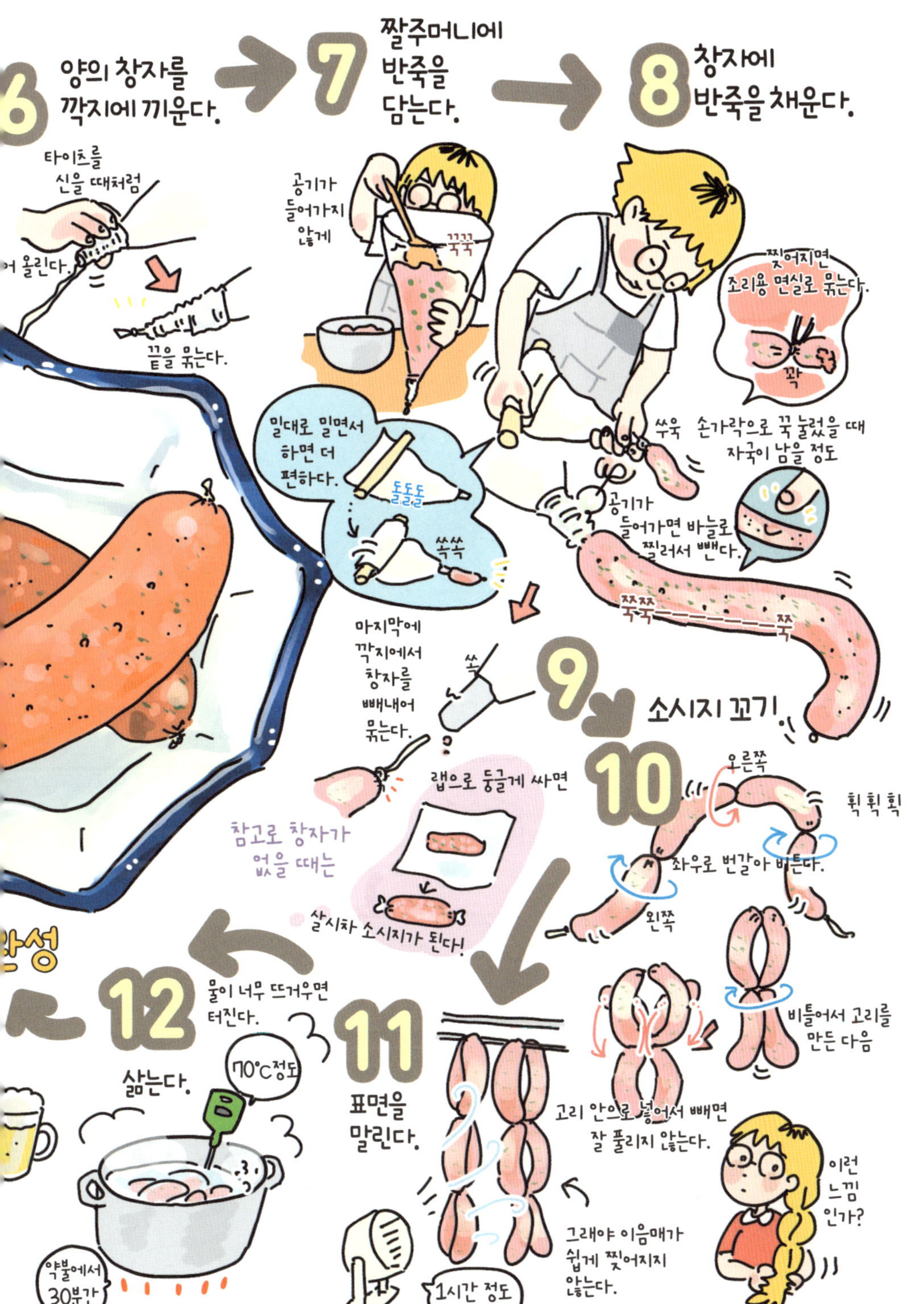
6
양의 창자를 깍지에 끼운다.
타이츠를 신을 때처럼
～올린다.
끝을 묶는다.
7
짤주머니에 반죽을 담는다.
공기가 들어가지 않게
밀대로 밀면서 하면 더 편하다.
돌돌돌
쏙쏙
8
창자에 반죽을 채운다.
찢어지면 조리용 면실로 묶는다.
꽉
쑤욱
손가락으로 꾹 눌렀을 때 자국이 남을 정도
공기가 들어가면 바늘로 찔러서 뺀다.
찌지찌지 꾹꾹 찌지 꾹
마지막에 깍지에서 창자를 빼내어 묶는다.
쏙
참고로 창자가 없을 때는
랩으로 둥글게 싸면
살시차 소시지가 된다!
9
소시지 꼬기
10
오른쪽
휙휙휙
좌우로 번갈아 비튼다.
왼쪽
비틀어서 고리를 만든 다음
고리 안으로 넣어서 빼면 잘 풀리지 않는다.
그래야 이음매가 쉽게 찢어지지 않는다.
이런 느낌 인가?
11
표면을 말린다.
1시간 정도
12
완성
물이 너무 뜨거우면 터진다.
70℃정도
삶는다.
약불에서 30분간

냠냠
쭈우욱
꿀꺽
꿀꺽
즐거워 보이네.
이제야 살겠어!
캬아!
MEITO MISO
오, 비엔나소시지를 만들었어?
훈제는 했어?
응?
뭉게
뭉게
뭉게
뭉게
훈제
훈제란?
벚나무나 사과나무처럼 향이 좋은 목재의 연기를 식재료에 쏘여서 풍미를 더하는 것.
살균·부패 방지 효과도 있다.
집에 온통 냄새가 배잖아.
그래도 안 할래.
안 그렇다니까.
이걸
살까~?
음
프라이팬!
뒤적
뒤적
이거랑
그건 야외용이야
이거랑

고
어?
뒤적
없어!!
셰프…
어라 ~?
활짝
쏙
뒤적

나카무라… 너…
끄덕
해줄 거야?

훈제에 필요한 도구

볼
프라이팬
알루미늄 포일
망
목장갑
버너
토치
볼 안쪽에는 포일을 깔아요.
냄새가 배어서요.
팬이나 꺼운 냄비도 OK
훈제 칩
스모크 우드를 추천
작게 잘라서 사용한다.
직화 OK
스모크 칩
열을 간접적으로 가해서 굽는 타입.
직화 NG!
향은 취향껏 골라요
벚나무가 대표적
훈제에는
열훈 80℃~
온훈 30℃~60℃
냉훈 15℃~30℃
가열 조리
집에서 한다면 온훈이나 냉훈이 되려나.
자, 어서 해!
이렇게 세 가지가 있어.
훈제하고 싶은 재료를 찾아오라고!

내가 사랑한 가공식품

다양한 훈제 음식
Smoked various

훈제 연어
Smoked salmon

카망베르치즈
속이 말랑해!
맛있어.
타이하쿠 참기름
드레싱이나 회에도 어울린다.
메추리알
일본식 쌀과자
간장 양념을 하길 추천
재료
미림 ·············· 1큰술
간장 ············· 1작은술
일본식 청주 ········ 1큰술
설탕 ·············· ½큰술
물 ················· 50㎖
*메추리알 8개 분량
1 재료를 펄펄 끓인 뒤
메추리알 넣기
약불에서 6분간 조린다.
2 뚜껑을 덮는다.
물기를 닦아 내세요.
훈제 연어
3 훈제하기.
2 깨끗이 씻어 물기를 닦아낸 후 NO 랩
소금과 설탕을 골고루 문질러 바른 뒤
냉장실에서 8시간 건조
냉장실에 8시간
4 랩을 씌워 냉장실에
향이 스며들게 한다.
20분간
완성
냉훈은 재료에 열이 들어가면 안 되므로 재료 밑에 얼음을 깔아 열을 튕겨내는 겁니다.
비닐봉지에 얼음을 넣어서 써도 돼요.
훈제 시간
10~15분
냉 훈
재료
연어회(☆)
소금 ·········· ☆ 중량의 2%
설탕 ·········· ☆ 중량의 1%

베이컨
Bacon

재료

삼겹살 ·················500g
굵은 소금 ············ 약10g
설 ····················· 약간

흐르는 물에
담근다.
1시간
보~~~~~얗게
변한다.
얗게
5 오븐에 굽는다.
230℃
30분 정도
지글지글
물기를 닦아
낸다.
벌써
맛있어 보여.
자세한 내용은
PP.98~99의
'다양한 훈제 음식'을
참조하세요.
기다릴게요.
으앗
또 나타났어!
6 훈제한다.
연기가 나면
망에 얹고 뚜껑을
덮은 채로
20분
정도
완성
탁
깜짝
놀랐네!
다음에 봐—
벌렁벌렁
베이컨 기름이
싫으신 분들은
기름기가 적다 =
담백하다
통째째 싸거나
냉동 보관
가능
돼지 목살로 만든
→ 숄더 베이컨
을 먹는 방법도 있다.
미리 잘라서
지퍼백에
담아도 편리.
→ 등심으로 만든
등심 베이컨
그대로 먹어도 맛있지만
훈제 향
미네스트로네로
먹어도 맛있다.

내가 사랑한 가공식품

일본식 고등어 초절임
Shime saba

4 씻은 후 물기 제거하기.
5 소금을 듬뿍 묻힌다.
누르듯이
톡톡
키친타월 등
수북이---
소금
소금을 부어 버리자!!
고등어
소금이 핵심이니까
소금을 충분히
살살 누르면서
마랑
마랑
상온도 괜찮아요.
6 기다린다.
크기에 따라 다르다.
한 시간 반 정도 두자.
이것도 관찰 하자!
거면을 토치로 살짝 그을려도 맛있다.
7 세척
↓
물기 제거
물로 충분히
확인해 보자.
탱탱
탱탱
탄력이 있고 수분이 빠져나간 사실을 알 수 있다.
식초에 담근다.
완성
얇다
핀셋으로 건드리면 알 수 있다.
가시를 제거.
9 ← 8
찰랑찰-------------랑
꼼꼼
꼼꼼
식초를 아끼겠다고 작은 용기에 고등어를 겹쳐 담으면
꺄악!
식초
스르륵
먹을 때 껍질을 벗긴다.
초밥
2~3일 정도 두면 맛이 더 깊어진다.
골고루 잠기도록 중간에 위치를 바꿔주는 게 좋아요.
키친타월로 덮어 둔다.
40분 정도 상온에서

곤부지메
(생선을 다시마로 감싸 숙성시키는 요리)
Kombujime

재료

좋아하는 생선	1마리
다시마	2장
일본식 청주	약간
소금	적당량

● 생선 필렛에서 등뼈와 껍질을 제거하고 직사각형 모양으로 균일하게 썬 횟감용 생선 살.

장고에
ㅓ 둔다.
7 시식해 본다.
맛있어!!
고부지메에도 잘 어울려요.
단 6~7시간 정도 둬 보자.
시간은 생선 두께에 따라 달라.
간장을 찍으면 맛이 너무 강해지잖아요.
* 슈퍼마켓에서 흔히 보이는 생선(사쿠)의 크기일 때
그러면 다시마를 벗긴다.
인 더 냉장고
잘 살피자.
츠쿠다니 등을 만들 때 쓸 수 있어요.
다시마를 계속 붙여 두면
끈저─────억
완성
보관할 때도 다시마는 벗기자.
다시마 맛만 나잖아. 으엑~!!
감칠맛이 끝내준다 ♥
다른 것도 만들어 봤다.
작으니 4시간 정도
● 단새우
달달해.
술술 술술
ㅡ•리시리 ㅏ시마 등
● 삼치
두꺼우니 8시간 정도
지지직
재미있다.
반쯤 익혔다.
고급스러운 맛

이리자케 만드는 법
재료
일본식 청주 ········ 200㎖
우메보시(큰것) ········ 1개
다시마 ············· 약간
소금 ·········· 2작은술
가다랑어포 ········ 약간

1 일본식 청주가 절반으로 줄어들 때까지 약불에서 졸인다.
우메보시
보글
보글 소금
콕콕
콕콕
찔러 두자.
다시마

2 가다랑어포를 넣고 5분 정도 더 끓인다.
보글
보글

3 체에 내린다.
콸콸

완성
어른스러운 맛
부드러워

●일본식 청주에 우메보시, 가다랑어포, 다시마 등을 넣어 바짝 조린 일본의 전통 조미료.

일본식 오징어젓갈
Ikanoshiokara

2 몸통의 껍질을 벗긴다.

쭉

벗긴다.

→3 벌린 뒤, 이물질을 닦아낸다.

쓱 쓱
쓱 쓱

깔끔

몸통에 칼집을 내어

1 몸통을 잡고 내장과 다리를 뽑아낸다.

이번에는 '다리'를 쓰지 않습니다.

속까지 깨끗이 씻어서

뾰ㅡ족

멋있어!

몸통 안의 연골도 뽑아낸다.

쭈우욱

주르륵

내장

몸통 안에 엄지를 넣고

포인트1

다갈색을 띠고 투명한 것

오징어

제철 여름! 7~9월

하지만 1년 내니 어디선가 잡힌다.

포인트2

맑고

검은 눈

재료

오징어 ·········· 2~3마리
소금 ·············· 적당량

4 몸통에 소금을 뿌린다.
전체에 듬뿍
솔솔
솔솔
5 말린다.
몸통과 내장
DRY!
랩을 씌우지 않고 냉장실에
3시간
6 내장을 가볍게 씻은 뒤
물기를 닦는다.
7 몸통을 썬다.
먹기 좋은 크기로
쓱싹 쓱싹
8 7을 볼에 담고 내장 속을 짜 넣는다(짜고 남은 내장은 버린다).
주르륵
완성
9 잘 섞는다.
영하 20℃ 이하에 24시간 이상 냉동
그래야 고래회충이 사멸해요!
병에 담아
휘적
휘적
이건 내장이 제거되었잖아!
8 그렇다면
유자 껍질
유즈코쇼로
화살꼴뚜기 등
* 내장은 생략.
해결!
산뜻한 맛의 일본식 오징어젓갈

안초비
Anchovy

남플라
Nam Pla

4 랩으로 덮어 내용물에 밀착시킨다.
기가 가지 않게!
빈틈없이
어둡고 서늘한 곳
그대로 한 달간 둔다.
괜찮을까?
건드리지 않는다.
다음 날부터 물이 나오기 시작한다.
한달뒤
짜------잔!
5 정어리를 건져
물기를 제거한다.
꾹꾹
꾹꾹
키친타월
이 액체가
남플라
체에 내려
병에 보관
숙성시키면 색이 진해진다.
6 병에 담아 올리브유에 절인다.
콸콸
콸콸 리리
완성
냉장해야 더 마음이 놓이긴 한다.
1년 정도 저장 가능.
대표적인 저장 식품
바로 먹을 수도 있지만, 한 달 정도 재워 둘까.
올리브유는 정어리가 완전히 잠기게 붓는다.
기름 위로 정어리가 나오면!
NG
곰팡이가 펴요.
취향껏
월계수 잎
마늘
고추
후추
로즈메리
등 허브나 향신료를 추가.
을 위한
감자샐러드에
우후후
서
X
세련된 맛

내가 사랑한 가공식품

연어알 간장 절임
Ikura no Shoyu-zuke

3 살살 섞은

2 난막에서
알을 분리한다.

볼에 1의 물을 담고
연어알을 넣는다.

난막이 찢어진 곳에
손가락을 살살
집어넣는다.

1

40 °C의 물에
소금을 녹인다.

소금은
물 중량의
0.5%

많이 써야
하니 넉넉히
만들어 둔다.

무쓰코가
연어알을
손에 넣었다.

제철은
9~11월 중순.
슈퍼마켓에도
진열돼요~

재료

	A
생 연어알 ⋯ 1덩어리(약150~500g)	간장 ⋯⋯⋯⋯⋯⋯⋯ 3큰술
소금 ⋯⋯⋯⋯⋯⋯⋯⋯ 적당량	일본식 청주 ⋯⋯⋯⋯ 1큰술
물 ⋯⋯⋯⋯⋯⋯⋯⋯⋯ 적당량	미림 ⋯⋯⋯⋯⋯⋯⋯⋯ 1큰술

1의 물을 다시 붓고 2-3의 과정을 5~6회 반복한다.
물을 버린다.
꺄약—
1회 차
뿌옹———다
5회 차
clean
점점 물이 맑아져요.
오빠 ㅎㅎㅎ
4 체에 건져 물기를 뺀다.
반들반들
5 A의 재료를 한 번 끓여서 식힌다.
알코올을 날리는 과정
6 보관 용기에 연어알을 옮겨 담고
5 를 붓는다.
콸———콸
이 A 의 재료를
소금 …… ½작은술
일본식 청주 …… 100㎖
미림 …… ½큰술
change 로 바꾸면
깔끔한 연어알 소금 절임
7 냉장실에 2~3시간 둔다.
완성
굴굴
캬아
저장 기간
•냉장 …… 일주일간.
•냉동 …… 1~2개월.

명란젓
Mentaiko

2 말린다.

1 밑간을 한다.

재료

명태알	400g	<절임액>	
		일본식 청주	1컵
<밑간>		미림	1큰술
일본식 청주	1컵	다시마 가로세로 5cm 크기	
소	15g	가다랑어포	5g
고춧가루	10g		
간장	1작은술		
레몬	적당량		
설탕	적당량		

3 절임액을 만든다.
일본식 청주
미림
끓기 직전에 가다랑어포를 넣는다.
휙
이얍
보글 보글
다시마
보글 보글
끓으면 체에 내린다.
콸콸
이대로 식힌다.
4 여기서부터는 취향껏
고춧가루
간장
레몬즙
설탕
유자 껍질도 추천
완성
5 절임액에 절인다.
콸콸
새빨개!
3~7일 뒤
저장 기간
냉장 …… 일주일간
냉동 …… 가능!
랩이나 키친타월로 덮어 완전히 밀착시킨다.
한 개씩 랩으로 싼다.
후쿠오카 출신으로 고향의 대표 특산품 명란젓을 한 번은 만들어 보고 싶었다.

각종 술지게미 절임

Kasuzuke

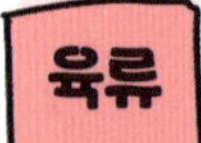

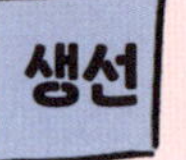

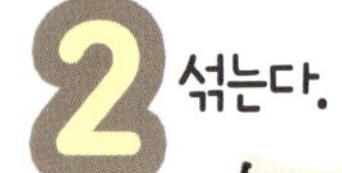

재료

술지게미	500g	설탕	5큰술
미소된장	50g	소금	1작은술
일본식 청주	50㎖		

2 물기를 제거한다.
키친타월
3 육류나 생선을 술지게미 절임 반죽에 넣어 절인다.
냉장실에 넣기.
육류 1일
생선 2~3일
*육류와 생선을 함께 넣지 않는다.
4 굽는다.
술지게미는 쉽게 타므로
닦아내도 된다.
완성
어디에나 쓸 수 있어!
우와
두부를 이용해도 재미있다.
1 두부에 누름돌을 올려 물기를 뺀다.
뭔가 무게가 나가는 것.
in 냉장실
2
키친타월로 감싼다.
두부
술지게미 절임 반죽
랩
냉장실에 2~3일
키친타월
접시
물기를 확실히 빼요.
1 채소를 소금으로 문지른다.
2 술지게미 절임 반죽에 절인다.
냉장실에 1~2일
완성
치즈 같아!
간장
가다랑어포
파와 잘 어울린다.
두부니까 당연하겠지만.
완성

오일 포칭
(참치·오일 포칭)
Tuna/Oil poaching

재료

참치회 ·········· 200g	흑후추 ········· 적당량	
소금 ·········· 1작은술	월계수잎 ········· 1장	
마늘 ·········· 1쪽	기름(취향껏) ···· 적당량	

●저온의 기름에 식재료를 천천히 익히는 조리법.

이어서
뼈까지 맛있는
정어리 오일포칭

재료
정어리 ……… 8~10마리
소금 …………… 적당량
마늘 …………… 1쪽
흑후추 ………… 적당량
월계수잎 ………… 1장
기름(취향껏) ……… 적당량

어라?
재료가 거의 갈잖아!

정어리

꽁치

대표적인 등푸른 생선

두 가지 오일 포칭 모두

자세한 내용은 p.108 참조

머리와 내장을 제거한다.

• 기름에 푹 담근 채로
• 냉장 보관(일주일 정도).

1 정어리를 손질한다.

2 소금물에 담근다.

소금의 양은 물 중량의 10%

냉장실에 1시간

물기를 제거

3 프라이팬에 재료를 넣어 불에 올린다.

기름은 잠길락 말락하게

향신료나 허브는 취향껏 ♥

정어리는 겹쳐 넣지 않는다.

건드리지 않는다.

보글
보글
보글
보글
보글

완성

이대 불이 세면

15 ~ 20분간

매우 약불

끓으면

은 약불에 야

야!!

럴지 않으면 껍질이 다 겨진다고.

벌컥

하며 셰프가 뛰쳐나옵니다.

떨

펄펄

냠냠
맛있다!
직접 만든 참치 오일 포칭
어디 보자
오, 괜찮네.
맛있어!
와인을 한 병 따 주지.
어떻게 만들었어?
기름을 끓여서.
아싸!
!!
캉…
…깝게.
와인은?
쓰고 남은 기름이
아깝다고.
아까워.
갑자기 웬 좀비야!
아까워
꺄악―
짜―――
찰―――랑
아깝다고.
무섭게!

핥으면 돼!
넌 요괴냐?
물론 기름을 써도 맛있지만
이렇게까지는 필요 없어!
그렇게 펑펑 쓸 수는 없다고.
요즘 올리브유가 얼마나 비싼데요, 사모님.
앞에서 만든 것들은
대부분 물로도 만들 수 있어.
뭐라!
-잔
참치든
가다랑어든
수제 닭가슴살 햄이든
갑자기 노래를!!
모두 다 모두 다
억
속이
건강하고 맛있는
워터 포칭으로도 OK
기운이 넘치네.
그럼 나카무라를 두고 갈게.
휘----익
잘 부탁드립니다.

내가 사랑한 가공식품

워터 포칭
Water poaching

재료

참치	사쿠[p.104 참조] 1개
물	적당량
소금	물 중량의 2.5%
설탕	소금의 절반 분량
레몬슬라이스·허브	취향껏

재료
닭가슴살 ……1개
*나머지 재료는
p.120과 동일해요.

1 재료를 전부 비닐봉지에 넣는다.
→ 2 65°C에
1시간
다른 방법으로 해봅시다.
지퍼백을 써도 OK
공기를 빼면서 넣는다.
껍질은 쭉 벗겨 낸다.
쭈욱
일명 수제 닭가슴살 햄이지요.
혹시 정어리나 꽁치로도 할 수 있어?
할수있다니까
이러면 끝이에요.
어머나
내가 아까 말했잖아.
식힙니다.
워터 포칭 대단한데!
따끈
따끈
머리를 자르고
내장도 제거한다.
매우 약불 펄펄 끓이지 않는다. (껍질이 벗겨져 버린다)
생선 꼬리를 엄지와 검지로 눌렀을 때 뭉개질 때까지
세련된 소스네.
가 정보
참치 워터 포칭을 만들면 해 봐.
톤나토 소스
재료
[모두 적당량]
워터 포칭한 참치
레드 와인 비네거
마요네즈
케이퍼
재료를 모두 믹서에 넣고 간다.
걸쭉한 편
술과 잘 어울린대!
1 그대로 빵에 얹거나
2 우유를 섞어 묽은 소스로 사용하기도 한다.
육류와 생선에 모두 잘 어울린다.

내가 사랑한 가공식품

가마보코
Kamaboko

재료

대구토막	150g	설탕	1큰술
소금	1작은술	달걀흰자	½개 분량
미림	1큰술	다시마육수	1작은술
일본식 청주	1작은술	감자전분	1작은술

치쿠와
Chikuwa

재료

대구토막 ·········400g
소금 ·········2작은술
미림 ·········1과½큰술
일본식 청주 ·····2작은술
설탕 ·········2큰술
달걀흰자 ·····1개 분량
다시마육수 ·····2작은술
감자전분 ·········2작은술

놀랍게도!
1~5 까지의 과정은 가마보코와 동일!

야호!
그리지 않아도 되다네ㅡㅡ

6
키친타월
막대
모양을 잡는다.

돌돌
촘촘
7
굽는다.
그릴이나 오븐 토스터로
뒤집어가며
표면이 노릇노릇해지게

포인트 2
열심히 치댄다!
포기하지 마!
찰싹
찰싹
찰싹
찰싹
찰싹
끈적 끈적
매끈

물론 숯불에 구워도 된다.
타닥
타닥

포인트1
완전히 식힌다.

혀서 서로 다음 소금을 넣고 다시 간다.

특유의 찰기가 생긴다.
끈적
끈적
위이이잉

타기 쉬우므로 주의!

완성

내가 사랑한 가공식품

사쓰마아게
Satsumaage

한펜
Hanpen

재료

대구토막 ········ 400g	설탕 ········ 2작은술
참마 ·········· 100g	소금 ········· 약간
달걀흰자 ····· 1개 분량	

● 흰살 생선 어육에 참마를 섞어 쪄낸 어묵의 일종.

내가 사랑한 가공식품

곤약

5 → 6 응고제 용액을 넣고 반죽한다!
수산화칼슘을 물에 녹인다.
물 100ml
휘적
휘적
휘적
응고제 용액 완성.
다시
주물럭
주물럭
주물럭
골고루 섞이게 한다.
재빠르게!
쫀득
쫀득
쫀득
쫀득
쫀득
쫀득
반죽이 점점 쫀득해진다.
7 틀에 담는다.
탱탱
꾹꾹
표면을 고르게 한다.
트레이나 보관 용기를 써도 OK
스크레이퍼
그대로 30분간 둔다.
8 틀에서 꺼낸다.
오오———!!
물커엉
굳었다.
9 적당한 크기로 자른다.
10 삶는다.
물이 끓어오르면 넣는다.
1 시간!
큰 냄비를 쓰세요!
풍덩
풍덩
풍덩
물을 가득 담아 끓여요.
11 냄비에 담은 채로 식힌다.
완성
모락
모락
모락
모락
삶은 물에 넣어 보관한다.
냉장실에 넣기.
냉동 보관은 권장하지 않아요.
탄력이 생긴다.
어쩐지 양이 점점 늘어나는 느낌인데.

콩은 대단해!

Soybeans are Amazing
미소된장, 두부, 낫토는 물론이고 자숙 풋콩과 콩나물까지! 이 모든 식품의 주재료가
콩이라는 사실을 알고 있나요? 그래요, 콩이란 이처럼 대단하답니다.
이런 심오한 콩의 세계에 대해 한번 알아볼까요?
대두
완두순
우와아~
두유
만드는 법 ▶ p.133
자숙 풋콩
콩나물
간장
미쓰루 쇼유
르포 ▶ p.139

콩가루
낫토
만드는 법 ▶ p.138
비지
만드는 법 ▶ p.133
MISO SOUP
유바
만드는 법 ▶ p.136
미소된장
만드는 법 ▶ p.26
3가지나 들어가네.
유부
목면두부
비단 두부
만드는 법 ▶ p.132/p.134
아쓰아게●
간모도키●●
만드는 법 ▶ p.136/p.137
●두툼한 두부 튀김.
●●으깬 두부에 각종 재료를 넣어 둥글게 빚어 튀긴 음식.

두유에 간수를 넣으면 두부.
한번 해보자!
……그런 줄 알았는데 어라라~?
유부는 두부를 얇게 잘라 튀긴다.
후후—— 간단하네!
딱딱 해…
딱딱
딱딱
대체 이유가 뭐야!?
흐물
흐물
흐물
흐물
폭신 · 폭신
현실
응
이상
결국 오카야마시 오모테초로 향했다.
1983년에 문을 연 오카야마현을 대표하는 '두부 가게' '도후도코로 오카베'에 다녀왔습니다.
오카베 씨!
어느 단계에서 실패했나요?
집에서 두부를 만든다고요.
흐———음
네.
책임자 시라이시 쇼지 씨.
상무이사 시라이시 히로노리 씨.

사 생님에게 명하는 분이야...
두근 두근
이러쿵 저러쿵
일단 두부의 농도
즉 콩과 물의 비율이 중요하지요.
Balance
일반적인 무조정 두유의 농도는 약 10%.
無調整 豆乳
그보다 좀 더 진해야 해요.
그 밖에도 간수를 넣을 때의 온도와
넣는 방법
따져야 할 게 많지~~~
섞는 방법
타이밍!!
두유가 굳기 시작하면 바로 젓는 걸 멈춰야 하지.
아, 유부는요?
뭐, 그래도 못할 건 없지.
물론 간수의 농도
대두의 질
장인의 기술!
간단히 말하면
또 다른 건?
~~~~~~~~~신
아주 얇게 썬 두부를
위험 감지
저온의 기름에 50분간 튀기는 거라네
뭐, 뭐든지 일단 해보는 거지.
일단 두부부터 열심히 만들어 볼게요.
파이팅!
어떻게 해야 폭신폭신하게 나와요?
해보겠나?
단호히 거절
감사합니다!
꾸벅
~~~~~~~~~

내가 사랑한 가공식품

목면두부
Momen Tofu

재료 (2~3인분)

대두 ····················· 300g
간수 ····················· 12.5ml *
물 ······················· 적당량
*간수는 제품에 따라 분량이 차이 날수 있습니다.

짠다.
면포를 깐 체에 내린 뒤
주걱으로 눌러 짠 후
마지막까지 힘껏 짠다.
비지입니다.
콸콸콸...
끄윽끄윽
면포
체
볼
졸졸졸
끄응
뜨거운 상태에서
이게 두유예요!
6 두유를 데운다.
저으면서
온도가 중요!
80℃
약불에서!
간수에 대해
바닷물로 만든 간수를 사용하자!
분말 제품은 물에 녹여서 사용할 것.
7 간수를 넣는다!
주걱을 따라 천천히
잘 섞이게 천천히 젓는다.
너무 저어도 안 돼!
뻑뻑해져.
어? 여전히 불투명한데.
아! 투명해졌다!
다시 80℃까지 데워
뚜껑을 덮어 15분
불은 끈다.
흐르는 물에 담근다.
졸
졸
30분 정도
9 틀에 붓는다.
8
10 물기가 빠지도록 누름돌로 누른 채 15분.
묵직
전용 두부틀이나
우유 팩
바닥에 칼집
시판 두부 팩 바닥에 구멍을 뚫는다.

비단 두부
Kinu Tofu

소쿠리 두부
Zaru Tofu

8 찐다.

9 불을 끄고 뜸을 들인다.

7 간수를 넣고 잘 섞는다.

완성

6 식힌 두유를 용기에 넣는다.

비단 두부

재료 (2~3인분)

대두 …………………… 300g
간수 …………………… 12.5㎖ *
물 …………………… 적당량

* 간수는 제품에 따라 분량이 차이
날 수 있습니다.

목면두부 1~7 의 '간수'를
붓는 과정까지 동일해요.

소쿠리 두부도
만들어 볼까요?

와---★

소쿠리 두부

8 대나무 소쿠리에
붓는다.

여러 번
나눠
살살

몽글

몽글

대나무 소쿠리

다이소에
판다.

면포

볼

9 물기를 뺀다.

뚝뚝

10 여름에는 냉장고에

면포 자국이
남게 살짝 짠다.

꾹

완성

우--앙 ♥

HELP!
어떻게 해도 두유가
잘 굳지 않을 때는

한 두유를 사용해
부가 어떤 식으로
는지 경험해 보자. ✦

됐다!

두부 가게에 가서
농도가 진한
두유를 사 오자.

도후도코로
오카베에도
있다.

두부를 만드는 데 쓰는
전용 두유를 파는 곳도
있다.

내가 사랑한 가공식품

각종 두부 관련 식품
아쓰아게/유바/
간모도키/고야 두부
Tofu arrangement

참마
걸쭉
1 사전 준비.
톳
물에 불리기.
강판에 간다.
묵직
당근과 우엉은 채 썰어 1분 미만으로 살짝 데친다.
휘리릭
달걀
잘 푼다.
두부
물기를 뺀다.
2 샐러드유를 제외한 나머지 재료를 모두 섞는다.
주물럭
주물럭
3
둥글게 빚어서
손에 기름을 묻히면 편해요.
간모도키
완성
튀긴다.
160℃ 6~7분
치지직-----
가끔 뒤집는다.
4
재료
목면두부 ········ 1모
당근 ············ ¼개
우엉 ············ ¼개
은행 ·········· 2~3알
톳 ············· ½큰술
달걀 ············· 1개
참마 ············· 30g
소금 ············· 약간
설탕 ············· 약간
샐러드유 ······· 적당량
고야 두부
1
두부의 물기를 뺀 다음 1~2cm 너비로 자른다.
2 트레이에 가지런히 올려 냉동실에서 얼린다.
TOFU
3 해동한 후 물기를 짠다.
완성
재료
목면두부 ········· 1모

낫토
Natto

재료
대두 ………… 적당량
시판낫토 ……… 적당량

있으면…
보온 24시간
전기밥솥
편해요.
40°C에서 24시간
요거트 메이커

자세한 내용은 pp.26~27 '미소된장' 참조!

1
대두를 삶는다.
보글 보글
뿌직!!
손끝으로 눌렀을 때 뭉개질 정도로

2
낫토균을 만든다.
병에 80°C의 뜨거운 물을 붓고

잘 섞는다.
낫토를 넣은 뒤
끈적 휘적 휘적 휘적 휘적 끈적 끈적 끈적 끈적

뽀━━━━얀
이쪽의 액체 부분을 사용한다.

24 시간 동안 둔다.
스티로폼 박스를 사용해도 OK
완성
공기
보냉백
젖은 수건
ON
신문지
핫팩 2개

발효 시킨다.
5
보관 용기에 옮겨 담아 랩을 씌운다.
톡톡

4 잘 섞는다.
대두가 으깨지지 않도록
휘적
휘적

3 대두에 낫토균을 넣는다
삶은
대두 1컵에 2~3
쪼르륵
따뜻한 상태에
따끈따끈~~~

Column

일상적인 요리에도 빠짐없이 들어가는 소중한 존재인 간장.

그런데 요즘 간장 업계에서는 간장을 직접 만들지 않고

조합에서 원료를 사들여 가공하는 것이 일반적이라고 합니다.

그러한 와중에 "처음부터 간장을 직접 만들고 싶다"라며

40년 만에 자사 양조를 부활시킨 이색적인 간장 양조장이 있습니다.

바로 후쿠오카현 이토시마시에 있는 '미쓰루 쇼유 조조모토'입니다.

이번에는 코지를 만드는 현장을 견학할 수 있었습니다!

● 가열이나 여과 처리를 하지 않은 갓 짜낸 상태의 간장.

첫째 날
간장을 만들 때 중요한 코지를 만드는 과정을 견학했습니다.
자사(자체) 간장 제조를 40년 만에 부활시켰다!
3 볶아서 빻은 밀 넣기.
1 찌기.
대두 150kg을 4시간 동안 찐다.
주르륵
2 열 식히기.
쪄낸 콩을 나무틀에 넓게 펼쳐 식힌다.
이토시마시에서 재배한 대두를 사용해요.
대두를 덤뿍이 넣
드셔 보세요.
모락모락
윙-----
위잉----
윙-----
부드럽고 단맛이 느껴진다.
선풍기도 여러 대 틀어놓는다.
대두
밀 수
대두 향이 가득하네.
뒤적
퍼 올렸다가 붓기를 반복한다.
후드득
춤 동작 같네.
뒤적
뒤적

6 골고루 섞기.
반죽을 산 모양으로 쌓았다가
무너뜨린다.
이때 코지균을 한 번 더 뿌려요.
반복
5 코지균 뿌리기.
코지균을 골고루 뿌린다.
휙
휙
녹색이네!
양이 늘어나 반죽 전체에 섞기 쉬워져요.
볶은 밀 일부에 종국을 섞어 둬요.
7 옮겨 담기.
도구로 정확한 양을 떠서
몇 번 떴는지 센다.
1
3
5
2
4
6
온도 약 30℃
습도 약 60%
제국실로 옮긴다.
균이 좋아해요.
평평하게 고른다.
엇갈리게 차곡차곡 쌓는다
첫날은 여기까지!
섰어요?
둘째 날
손질하기
덩어리진 코지를 풀어서 넓게 펼친다.
오전, 오후에 두 번…
힘들겠다…
셋째 날
균이 완성.
코지균의 균사요. 덮여 흰색을 띤다!
녹색!!
난로
덩어리진 부분을 풀어 양조실로 옮긴다.

미쓰루 쇼유 조조모토

후쿠오카시 이토시마시 니조후카에 3초메 925-2

영업 시간 : 9:00∼18:00 (정기 휴무: 일요일, 공휴일, 둘째·넷째 토요일)

홈페이지 : http://www.mitsuru-shoyu.com/

절이거나 말리거나

계절의 맛을 만끽하다
Enjoy the season
지혜로운 선조들로부터 전해 내려온 저장 기술은 식재료를 오래 보관할 수 있을 뿐만 아니라 제철 재료의 맛도 함께 느낄 수 있어 일석이조랍니다!
제철 채소나 생선을 절이거나 말려보세요.
레몬
매실
제철
채소
햇생강
쌀겨 절임(누카즈케)
만드는 법 ▶ p.164
일본식 가지절임(시바즈케)
만드는 법 ▶ p.163
매실청·매실주
만드는 법 ▶ p.182
우메보시
만드는 법 ▶ p.146
생강 시럽
만드는 법 ▶ p.184
생강 초절임
만드는 법 ▶ p.168
붉은 차조기 주스
만드는 법 ▶ p.184
붉은 차조기잎
크래프트 콜라
만드는 법 ▶ p.190

배추
무
김치
만드는 법 ▶ p.160
물김치
만드는 법 ▶ p.162
다쿠앙(무쌀겨절임)
만드는 법 ▶ p.166
벳타라즈케
만드는 법 ▶ p.171
제철 과일
아사즈케
만드는 법 ▶ p.154
과일 식초
만드는 법 ▶ p.186
이치야보시
만드는 법 ▶ p.174
감
어패류
다양한 건조식품
만드는 법 ▶ p.180
피클
만드는 법 ▶ p.158

우메보시 ①
(노란우메보시)
Umeboshi

● 우메즈(梅酢) : 매실을 소금에 절였을 때 나오는 액체, 식초를 뜻하는 '초 초(酢)' 자가 들어가지만 식초는 아니다. 새콤하면서도 짭짤한 맛을 내어 다양한 요리에 활용된다.

1~2일 투명한 액체가 나온다.
4~5일 매실 전체가 액체에 잠긴다.

액체 = 우메즈

요리에 쓸 수 있어요!

P.46 각종 소금
P.154~ 아사즈케
홍생강 초절임
P.168
P.170
후쿠진즈케 등

6

우메즈가 나온다.

YES

NO

가볍게
살짝

누름돌의 무게를 줄여도 OK

2주 정도 숙성시킨다.

매실이 평평하게 깔려 있는가?
누름돌을 좀 더 무겁게 해 본다.

넘실~~~

매실이 우메즈에 완전히 잠기는 게 중요하다.

노란 우메보시

빨간 우메보시
는 다음 페이지에

자, 가자

7 장마철이 지나면 채반에 담아 물기를 뺀다.

3일간 맑은 날씨가 이어지는 날.

햇볕에 말리자!

일정한 간격을 두고 놓는다.

숙성

3일 연속

끈적

말랑

온도가 변화하면서 맛이 더 깊어져요.

햇볕이 중요!

매실의 무게가 처음의 반 정도로 줄어든다.

NO 습기

밤에는 집 안에

우메즈도 하루 정도 말린다

낮에 2~3번 뒤집는다.

데굴

데굴

절이거나 말리거나

우메보시 ②
(빨간 우메보시)
Umeboshi

빨간 우메보시
이어서

8 붉은 차조기의
잎을 뜯는다.

9 볼에 물을 가득 채워 씻은 다음
물기를 완전히 닦아낸다.

10 붉은 차조기 잎에
절반 분량의 소금을
넣고 잘 주무른다.

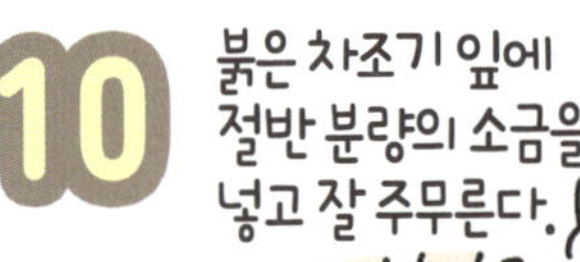

14

완성

7
참조

첫날은 붉은
차조기 잎도
함께 말린다.

13 붉은
차조기
잎을 넓게
펼친다.

12 우메즈를 1컵
정도 넣고

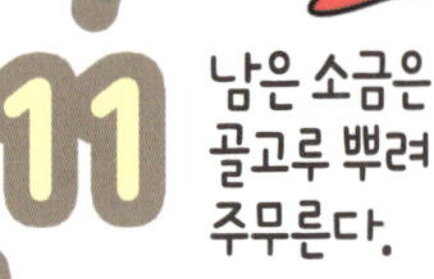

11 남은 소금은
골고루 뿌려
주무른다.

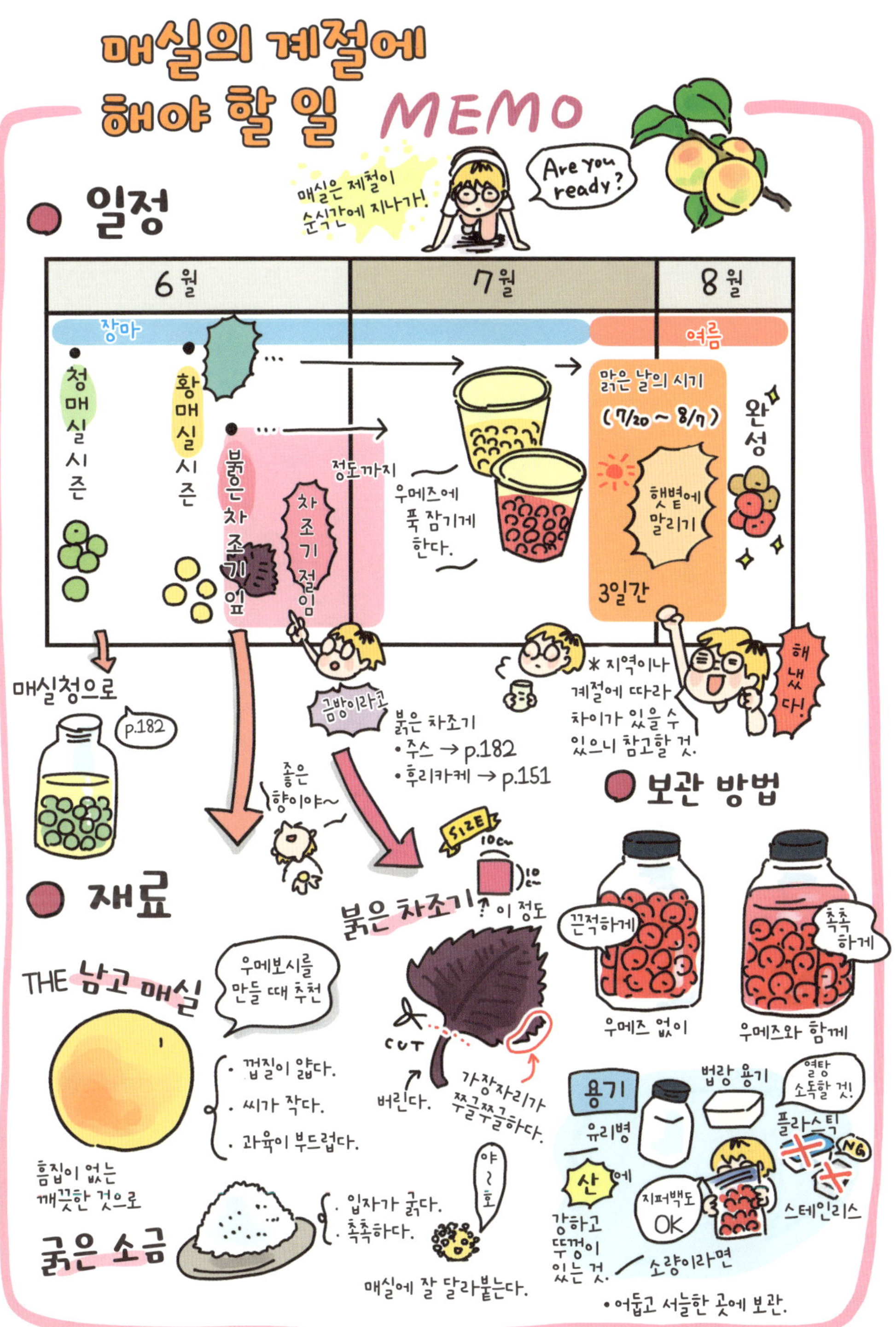

매실의 계절에 해야 할 일 MEMO
매실은 제철이 순식간에 지나가!
Are you ready?
● 일정
6월
7월
8월
장마
여름
청매실 시즌
황매실 시즌
붉은 차조기 잎
차조기 절임
정도까지
우메즈에 푹 잠기게 한다.
맑은 날의 시기 (7/20 ~ 8/7)
햇볕에 말리기
3일간
완성
매실청으로
p.182
금방이라고
좋은 향이야~
붉은 차조기
• 주스 → p.182
• 후리카케 → p.151
* 지역이나 계절에 따라 차이가 있을 수 있으니 참고할 것.
해냈다!
● 보관 방법
● 재료
THE 남고 매실
우메보시를 만들 때 추천
• 껍질이 얇다.
• 씨가 작다.
• 과육이 부드럽다.
흠집이 없는 깨끗한 것으로
붉은 차조기
SIZE 10cm
이 정도
CUT
버린다.
가장자리가 쭈글쭈글하다.
끈적하게
촉촉하게
우메즈 없이
우메즈와 함께
용기
법랑 용기
열탕 소독할 것.
유리병
플라스틱
NG
스테인리스
산에
지퍼백도 OK
강하고 뚜껑이 있는 것.
소량이라면
• 어둡고 서늘한 곳에 보관.
굵은 소금
• 입자가 굵다.
• 촉촉하다.
야~호
매실에 잘 달라붙는다.

우메보시 ③
Umeboshi

재료

우메보시 ············· 적당량
꿀 ················· 적당량

1 우메보시를 찬물에 담근다.

2 불에 올려

3 내용물을 전부 담아 냉장실로

우메보시 다시마 차

재료

다시마 ······ 가로세로 2~3㎝
우메보시 ·············· 1개
소금 ················· 약간

1 다시마를 곱게 간다.

2 찻잔에 우메보시를 넣고

남은 재료 활용법
조미료로 활용!
우메즈
각종 일본식 절임 반찬이나 가라아게 등을 밑간할 때도 사용.
쭈욱----
부패 방지 효과!
밥을 지을 때 우메즈를 살짝 넣으면
도시락을 싸도 안심
쌀 누린내가 잘 나지 않는다.
시럽은 취향껏
4 물탄산수
1 우메즈
우메즈 드링크
〈밥 400g〉
우메즈 2큰술
설탕 1큰술
초밥용 단촛물
지라시즈시
로도
주먹밥도 마이쏘 쓰씄다.
보관방법
·병에 담아 밀폐한 뒤
·어둡고 서늘한 곳에 보관.
·장기 보관 가능.
봉초밥
붉은 차조기
소금과 섞는다.
헤헤
보관방법
·병에 넣어 밀폐.
·상온에 1년간 보관.
우메보시에 사용한 붉은 차조기잎.
가루로 만들어
후리카케
넓게 펼쳐서 말린 뒤
야아아아아아옹
주먹밥에도

여어엉차~~~~
부들
부들
이번엔 또 뭘 만드는데?
아사즈케
진짜?
묵직
야! 야!
돌을!!
냉장고 망가진다고.
나 원참.
헤헷
… 이건 뭐야.
맞아. 역시 셰프는 다르네.
이거 '아사즈케' 아니야?
아사즈케는…
FRESH 해야지!!
FRESH!!
어?

쓰케모노란?
소금, 쌀겨, 식초 등을 사용해 채소나 생선 등을 절인 식품.
발효 과정에서 생성되는 감칠맛을 즐기거나
술지게미 절임 등
보존성을 높이거나
피클 등
저마다의 역할이 있지.
끄덕
끄덕
겠어?
씼어?
아사즈케는 신선함을 살려야 해.
FRESH
즉,
바로 먹을 수 있어야 하지.
예를 들어 자기야~
아이~잉
아잉
반찬이 하나 더 있었으면 좋겠는데~
할때
자, 여기 배추.
뒤적
후다닥
벌써?
그래
아사즈케는 과일과도 잘 어울린다고!
짜자잔
라고 불린 적이 있다고 한다.
배도 있네.
5분 뒤
그치♡
으쓱
맛있어!
과일의 마술사가 가르쳐주지!

절이거나 말리거나

아사즈케 ①
Asazuke

● 오이, 무, 가지 등의 채소를 단시간 내에 절여낸 음식.

마법사 제자 이미지 →
실천!
【기본 레시피】
[오이 × 푸른 차조기잎]
1 오이를 썬다.
충분히
맛있어 보이게
소금을 뿌린 다음
2 문지른다.
잘
조물
솔솔
솔솔
조물
온 힘을 모아
3 짠다.
으아아아아아…
조졸조졸…
FRESH해!
스스스스
푸른 차조기잎 썬다.
돌돌돌
4
쌱쌱쌱
쌱쌱쌱
5 풍미를 더해 마무리.
간장
레몬
산미를 살짝
휘적
휘적
완성!
다음 페이지로 이어져요.
어서 가 보자고.
하게!
풍미를 더해 마무리!
예를 들어
산미
LOVE
감귤의 껍질
향
청귤의 껍질
참기름
등
금만 어도 돼.
산뜻한 풍미에 자꾸만 찾게 되지.
5분
5분만 있으면 만든다고!
식사 준비에 도움이 되는 소소한 반찬
자, 빨리

같은 조리 과정은 이걸로 한 번에!

[가지 × 양하]
1 가지를
2 버무린다.
힝——
계속 주물러.
마무리
양하
청귤즙
간장
살짝만
자른다.
가지
맛있다.

[순무 × 우메즈]
철일 때 만들면 좋아요.
1 순무를
껍질을 벗기는 게 좋다!
순무 껍질은
말린 후
가다랑어포
폰즈
를 넣어 절임으로 만든다.
2 버무린다.
마무리
우메즈
순무

[케일 × 미소된장]
케일 을 데쳐서
2 버무린다.
마무리
미소된장
참기름 라유
케일
참기름
참기름은 향이 강하니 너무 많이 넣지 않는다.

[당근 × 진미채]
2 1 당근을
버무린다.
마무리
진미채 참깨 참기름 간장 살짝
당근
진미채는 살짝 꼬아 넣는 게 맛있다고
진짜 오징어!?

절이거나 말리거나

피클
Pickles

재료

좋아하는 채소 ……… 마음껏	고추 ……… 1~2개 (씨를 제거)
〈피클 용액〉	코리앤더 씨드 (말린 고수 씨) ·· 7g
물 ……………… 750㎖	겨자씨 ……………… 7g
쌀식초 ………… 300㎖	통 흑후 ……………… 1g
그래뉼러당 ………… 90g	통 클로브 (정향) ………… 1g
소금 ……………… 15g	월계수 잎 ………… 1~2장

클액을 붓는다.
8 한김 식힌다.
9
냉장실에 넣어 식힌다.
완성
이것저것 만들어 봤다.
따끈
따끈
따끈
따끈
따끈
키친타월이나 랩으로 덮는다.
봐라! 무한 피클 이다---!!
아삭아삭
말랑말랑
데치지 않아도 된다
콜리플라워
식감이 좋다
오독오독
순무
아스파라거스
뿌리 쪽이 맛있다.
큼직하게 썰자!
오독오독
식감이방울토마토 제일 최고.
포슬포슬
새콤한 맛을 좋아하는 사람에게 추천.
역시 맛있어.
오이
맛있어.
가지
오크라
단호박
향신료의 향이 잘 밴다.
메추리알
부슬부슬
말랑말랑
우적우적
말랑말캉
속에서 끈적한 게 나온다.
우엉
양송이버섯
식감이 재미있다!
맛있다
풀
양하
은근히 중독적이야.
푸석푸석
섬유 같은 느낌
여기는 실험 존
단할 때 좋다.
대표격 재료.
박고지
물컹물컹
곤약
영콘
당근
숙주
탱글탱글
보카도
두툼하게 썰어야 맛있다.
파프리카
애매한 맛
은행
아삭아삭
의외로 맛있다.

절이거나 말리거나

김치
Kimchi

재료

| 배추 | ½포기 |
| 굵은 소금 | 100g |

A

마늘	20g
생강	20g
사과	½개

B

| 밀가루 | 15g |
| 물 | 80㎖ |

C

고춧가루	100g
설탕	70g
새우젓	1큰술
다시마	가로세로 10㎝ 크기

D

| 당근 | 취향껏 |
| 부추 | 취향껏 |

A. 의 재료를 간다.
6
사과는 껍질째
B. 의 밀가루와 물을 섞은 뒤 불에 올려
걸쭉하게
한다.
7
A.~C. 의 재료를 모두
합친다!
약불
다시마는 자른다.
B. 팀 걸쭉이
A 팀 갈갈이
8
섞는다!
휘적
휘적
아주 작은
젓새우
새우젓 대신 일본식 오징어 젓갈도 가능
젓새우는 세토내해에서도 많이 잡힌다.
광천
빨갛다
10
배추와 D. 의 채소, 양념을 함께 버무린다.
9
D. 의 채소를 자른다.
무말랭이도 만들 수 있다...
조물
재빠르게
오래 버무리면 물이 생긴다.
양념 김치
장갑 필수
채소는 취향껏
당근
채썰기
부추
오이김치
깍두기
무나 파를 넣어도 돼요.
백에 냉장 보관.

물김치
Mizu Kimuchi

재료

쌀뜨물*	900㎖
사과	½개
마늘	2쪽
생강	1조각
다시마	가로세로 3cm 크기
고추	2~3개
오이	1개
셀러리	1개
파프리카	1개
소금	적당량

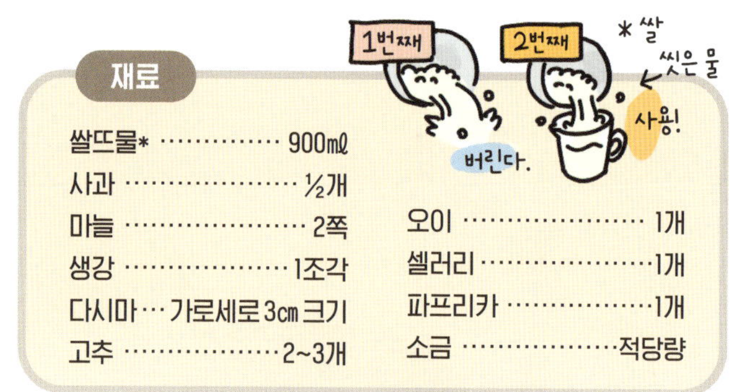

1 쌀뜨물을 한 번 끓인 뒤 식힌다.

2 채소를 자른다.

오이
토막 썰기
마늘
2등분
파프리카
셀러리
어슷 썰기
생강
편 썰기
사과
편 썰기
껍질째

사과는 꺼낸다.

완성

3 자른 채소의 무게를 잰다.

무게 × 3% = 소금의 양

4 소금을 뿌린다.

조물
조물
재빠르게

뚜껑을 덮고 냉장실에 5일 보관 가능

with 다시마 & 고추

고추 꼭지·씨 제거

5 병에 담고 쌀뜨물을 붓는다

콸콸콸콸콸콸콸

식혀서 붓기

6 랩이 수면에 딱 달라붙게 덮는다.

찰싹
찰싹

7 다음날 랩을 벗긴다.

거품이 올라오기 시작한다.

하룻밤 그대로 둔다 (약 6시간).

절이거나 말리거나

일본식 가지절임
(시바즈케)
Shibazuke

재료

오이, 가지, 양하, 생강 등 ···· 총 500g		우메즈 ···· 600㎖	
소금 ···· 2작은술		푸른 차조기잎 ···· 10장	
미림 ···· 1큰술			

1 채소를 자른다.

2 자른 채소에 소금을 뿌린다.

3 돌로 눌러 일절 동안 둔다.

4 채소의 물기를 뺀다.

완성

2~3일 뒤

5 다음 재료들을 넣는다.

6 다시 누름돌로 눌러

쌀겨 절임
(누카즈케)
Nukazuke

재료

재료	분량
생 쌀겨	1kg
물	1ℓ
소금	130g
고추	2개
가다랑어포	8g
국물용 멸치	5마리
마늘	3쪽
생강	1조각
다시마	가로세로 5cm 크기 3장

절이는 법
소금으로 문지른 후 절이기
ZONE
손바닥에 소금을 덜어
쓱쓱 문지른 음
절인다.
주물러 주물고
6~7시간
오이
6~7시간
가지
소금은 충분히
순무
24시간
반으로 자른다
큰 것은 껍질을 벗긴다.
무
12~24시간
오크라
도마 위에서 쓱쓱 문질러 솜털을 제거한다.
문지른 소금
4등분
＊절이는 시간은 대략적인 기준입니다.
그대로 절이기
참마
ZONE
적환무
반으로 잘라 씨를 제거한다.
12시간
방울토마토
12시간
비교적 단단한
아보카도
24시간
파프리카
24시간
24시간
메추리알
24시간
매일 관리하기
뒤적 뒤적
기본으로 1일 1회 섞는다.
(어쩌다 한 번 거르는 정도는 괜찮다)
질척질척해지면
한가운데를 판다. 고인 물을 버린다.
움푹
휙
쌀겨를 너무 많이 넣으면 발효가 잘되지 않는다.
기온이 30℃를 넘을 때는 냉장실로 옮긴다.
여칠 집을 비워야 할 때
겨와 소금을 더 넣고
섞는다.
뒤적 뒤적
냉장실에 넣어 둔다.
계절의 풍미를 더하기
청매실
반년 뒤에 꺼낸다.
초피 열매나 잎
말린 표고버섯
소금에 절인 연어 머리
바싹 구워서
쌀겨 반죽은 정성껏 관리해 줘야 해요.
주물럭
주물럭
다시마나 가다랑어포 등을 정기적으로 넣어 주자.

절이거나 말리거나

다쿠앙
(무 쌀겨 절임)
Takuan

재료

무	5개(약 3kg)	원당	60g
쌀겨	450g	고추	2개
소금	120g	다시마	가로세로 1cm 크기

2 무 무게를 잰다.
기준
쌀겨 15%
소금 4%
원당 2%
그 외 재료도 계량
마트에서 파는 건 대부분 양념 돼 있으니 쌀집에서 사자.
3 재료를 모두 섞는다.
버린다.
고추, 다시마는 잘게 썬다.
여기에 넣는다.
노랗게 하고 싶다면
치자 열매를 부숴 다시백에 넣는다.
4 잘 섞는다.
뒤적 뒤적
보관 용기에 비닐봉지를 깐다!
5 쌀겨를 바닥에 깔고 무를 넣는다.
6 누름돌을 올린다.
무청은 안 넣어도 OK
묵지
누름돌
누름판
무청
쌀겨
무
쌀겨
무
쌀겨
이걸 다 합친 무게의 두 배 정도
빈틈없이
빈틈없이
무와 쌀겨를 층층이 쌓기
완성
1개월 후
누름돌의 무게를 절반으로
공기와의 접촉을 최소화한다.
장기 숙성도 가능하다.
촉촉해진다.
7 일주일 뒤
이런 이미지
물이 생기지 않는다.
누름돌을 더 올린다.
묵지

생강 초절임
Gari

홍생강 초절임
Benishoga

2 얇~~~게

1 생강 손질.

숟가락으로
껍질과
이물질을
제거한다.

먼저 **생강 초절임**

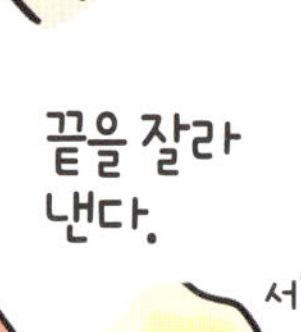

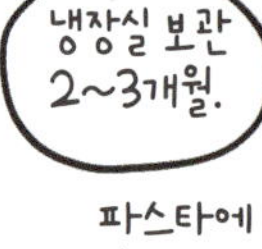

The 햇생강

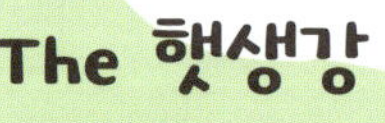

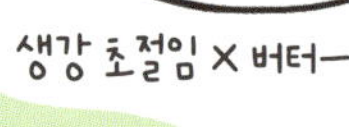

재료

햇생강 ············300g	A	
고추 ·············1개	식초 ············120㎖	
	설탕 ············70g	
	소금 ······2와 ½큰술	

5 A 의 재료를 불에 올린다.

6 식힌 생강의 물기를 뺀 다음

7 생강을 용기에 담는다.

설탕이 녹을 정도

단 식초 입니다.

꽈아악!

꽉꽉

반나절 대기 in 냉장실

9

빤--!

완성

생강이 잠기게 단 식초를 붓는다.

찰랑

8 고추는 취향껏 (안 넣어도 OK)

찰랑

냉장실 보관 1년.

홍생강 초절임 도 만들어 보자.

재료

햇생강 …… 200g
소금 …… ½큰술
우메즈 …… 적당량

4 꼭 짜서 물기를 뺀다.

5 얇게 채 썬다.

완성

3 생강에 소금을 넣어 버무린다.

누름돌을 올린 채 1시간 둔다.

만드는 법이 1~2 까지는 같다.

6 용기에 옮겨 담고, 생강이 잠기도록 우메즈를 붓는다.

절이거나 말리거나

후쿠진즈케
Fukujinzuke

1 채소를 자른다.

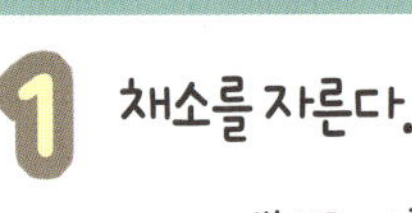

5

4 모든 재료를
지퍼백에 넣는다.

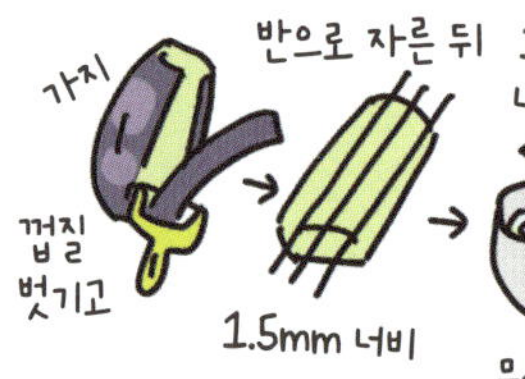

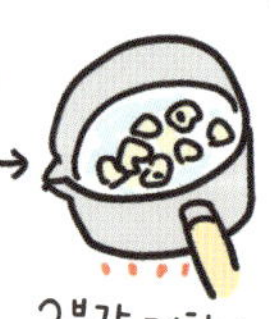

2 연근을 제외한 나머지
채소에 소금을 뿌린다.

3 **A** 의 재료를 불에
올렸다가

절이거나 말리거나

벳타라즈케
Bettarazuke

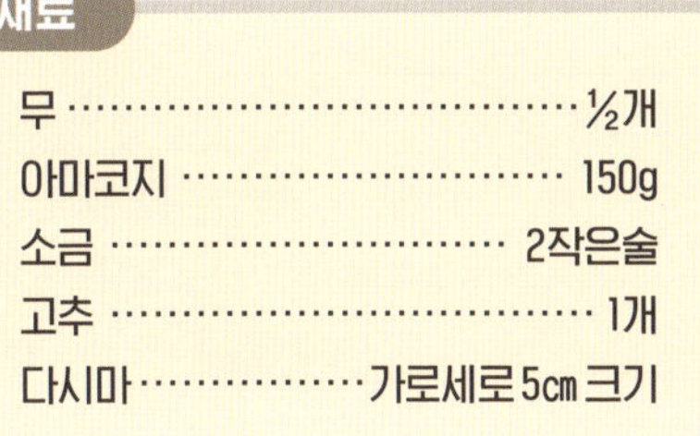

재료

무	½개
아마코지	150g
소금	2작은술
고추	1개
다시마	가로세로 5cm 크기

1 무 껍질을 벗긴 다음

6 누름돌을 올려 둔다.

5 나머지 재료를 넣는다.

2 소금을 뿌린다.

4 물기를 뺀다.

3 눌돌을 올려 나절

Let's my 건어물

여러분은 건어물이라고 하면 어떤 이미지가 떠오르세요?
여행 기념품?
보존 식품?
말린 전갱이
그렇기는 하지만 마냥 그렇지만도 않답니다!
＊간키치
안녕 하세요~♡
건어물이 맛있어서 자주 찾는 건어물 가게
오카야마시에 있는 '히모노야 간키치'에 왔습니다.
어서 오세요.
오늘은 말린 꽁치가 맛이 좋답니다.
짜 자ーーーーー잔
헤헤♥
오오…
문어가 있어?
이거랑 이거
그리고 이거
히모노야 간치키의 요시오카 도모히사 씨.

냉동실에 두었다가 바로 꺼내 그릴에 구워도 맛있으니까.
간편한데다 맛있엉!
우리 집 비상식량 이에요.
그렇게 말씀해 주시니 감사하지만, 갓 말린 것도 꼭 한번 드셔 보세요.
따끈
따끈
갓 말린?
아니, 잠깐?
건어물이요?
생선이니까요~
아니면 직접 말려서
DRY!
먹어 보는 방법도 있지요.
네? 집에서 건어물을 만들 수 있어요?
소금물에 담가
Step 1.
말린다
Step 2.
간단히 설명하면 2단계로 진행되지요.
감칠맛이 UP
어떤 생선으로든 만들 수 있어요.
한번 해보죠 Let's my 건어물!
러니
두두둥!
짜잔~~~
푸핫
Go!
Go!!

절이거나 말리거나

이치야보시 ①
Ichiyaboshi

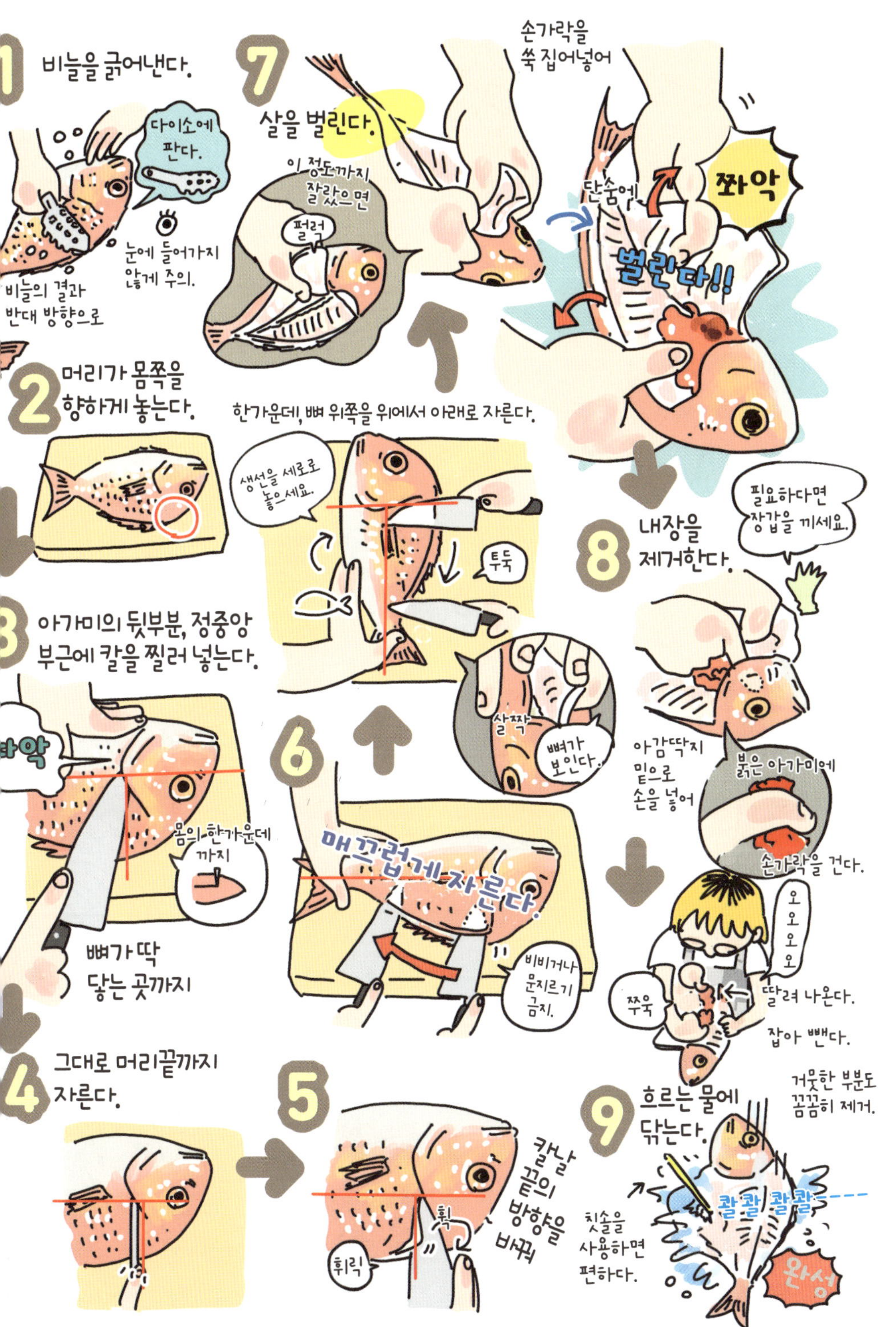
1 비늘을 긁어낸다.
다이소에 판다.
비늘의 결과 반대 방향으로
눈에 들어가지 않게 주의.
2 머리가 몸쪽을 향하게 놓는다.
3 아가미의 뒷부분, 정중앙 부근에 칼을 찔러 넣는다.
파악
몸의 한가운데까지
뼈가 딱 닿는 곳까지
4 그대로 머리끝까지 자른다.
5 칼날 끝의 방향을 바꿔
휘릭
휘릭
6 매끄럽게 자른다.
비비거나 문지르기 금지.
7 살을 벌린다.
이 정도까지 잘랐으면
펄럭
한가운데, 뼈 위쪽을 위에서 아래로 자른다.
생선을 세로로 놓으세요.
투둑
살짝
뼈가 보인다.
손가락을 쑥 집어넣어
단숨에
벌린다!!
짜악
8 내장을 제거한다.
필요하다면 장갑을 끼세요.
아감딱지 밑으로 손을 넣어
붉은 아가미에 손가락을 건다.
오오오오
딸려 나온다.
잡아 뺀다.
쭈욱
거뭇한 부분도 꼼꼼히 제거.
9 흐르는 물에 닦는다.
칫솔을 사용하면 편하다.
콸콸 콸콸
완성

절이거나 말리거나

이치야보시 ②
Ichiyaboshi

껍질을 아래로!
살이 달라 붙어요.
1시간은 게, 그후 옮겨요.
그럴만한 공간이 없에!!
어떻게 말리라고!!
실내·한겨울에는
대략1일 반~2일
냉장고를 추천해요.
놀랍게도!
80% 정도만 랩을 씌워요.
바람이 통하게 한다..
휘이잉~
바닥에는 흡수 패드를 깐다.
대강의 시간
1일 ~ 1일 반
아침부터 말리는 게 좋으려나.
계절
봄, 가을을 추천
(20~25℃ Best!)
여름·겨울에는 기온에 주의
라고 생각하는 도시인도 안심하시길.
완성
저장기간
냉장실 2~3일 정도.
냉동실 1개월 정도.
랩으로 둘둘 싸서 보관.
언 상태 그대로 구워도 돼요.
튀겨도 맛있다.
따끈~~~
돔
꼬치고기
오, 해볼 만한데.
생선을 보는 관점이 달라져요.
가자 My 건어물!!
가자미.
베자리
히모노야 간키치에서는 비정기적으로 건어물 워크숍도 열고 있어요.
참석.

절이거나 말리거나

미림보시·
Mirinboshi

재료

좋아하는 생선 …… 1마리	<양념>	
소금 …… 적당량	간장 …… 2큰술	
물 …… 적당량	설탕 …… 1큰술	
참깨 …… 약간	미림 …… 약간	

●생선을 미림과 간장에 절여 말리는 것.

절이거나 말리거나

마른오징어
Surume

CHAPTER 3
절이거나 말리거나
다양한 건조식품
Hoshimono
말린 고구마
어떤 고구마든 OK
1 물에 삶는다
껍질째 in
식힌다.
2
3 껍질을 벗겨 자른다. 1cm 두께
완성
4 말린다.
2일~ 1주일간
뭐든 말려 주지!!
태양은 나의 벗!!
무말랭이
썰어서 말리면 끝.
2일 이상
2일 이상
5일~ 1주일
갓이 위를 향하게
닦아서 말리면 끝.
말린 표고 버섯
사용법
물에 불려서
우엉 볶음
조림
말린 당근
단맛이 진해져요~
찬물에 담그 향긋한 육수

진피
· 차
· 조미료
· 입욕제로 사용
쉽게 말하면 말린 귤껍질이다!
가루를 내서
말린 사과 딸기·귤
1 과일을 얇게 썬다.
과감히 썰자고.
2 소금물에 담갔다뺀다.
염분 농도 2%
첨버----엉
3 말린다.
2~3일
1 감 껍질을 벗긴다.
땡감만 사용.
꼭지는 남겨요.
2 노끈을 준비한다.
꼬인 노끈 틈새에 꼭지를 끼운다.
3 뜨거운 물에 담근다.
4 말린다!
2~3주간
껍질이 마르면 가끔 주무른다.
조물 조물
곶감
완성

절이거나 말리거나

각종 주스 ①
(매실청·우메즈)
Juice

3

2 씻는다.

볼 등에 담아
살살 씻으세요.

1 매실 꼭지를
딴다.

매실청

재료

청매실 ···················· 1kg
빙당 ······················ 1kg

우메즈

4
1일 1회 병을 흔든다.
빙당이 녹을 때까지
흔들 흔들 흔들

재료
청매실 ·················· 1kg
빙당 ·················· 1kg
담금주용 소주 ··········· 1.8ℓ

주 리 ~~~ 륵
3일 뒤
색이 변하면서 국물이 나온다.

10일 뒤
국물이 가득 차 매실이 떠 있다!
동동~동
몇 년간 숙성해도 된다.

1개월 뒤
우메즈는 매실이 가라앉는다.

완성

저장
· 상온 ...... 2개월.
· 냉장실 ...... 1년.
는 제거.
맛은 없다.

3
까지 끝냈으면, 여기에 담금주용 소주를 붓는다.
소주도 좋지.
콸콸
콸콸
white liquor 35용
3개월 이상
1일 1회, 빙당이 녹을 때까지
흔들 흔들

병은 청결하게!
1 뜨거운 물을 붓는다.
주의. 온도 차로 병이 깨질 수 있다.
2 소주나 알코올로 닦는다.
소주 알코올

절이거나 말리거나

각종 주스 ②
(레몬·생강·붉은 차조기잎)
Juice

생강 시럽

재료
생강 …………200g
설탕 …………200g
레몬 …………⅛조각
물 …………200ml

1 생강을 깨끗이 씻는다.
쏴아~
둥글게 자른다.

2 냄비에 생강과 설탕을 넣는다.
30분 뒤

4 조린다.
중불 끓으면 약불
20분
가끔 젓는다.

3 물과 레몬즙을 넣은 뒤 불에 올린다.
완성

저에일을 들 수 있겠네.
캐디개프

붉은 차조기잎 주스
푸른 차조기잎으로도 만들 수 있다.

재료
붉은 차조기잎 …… 약50장
물 …………………… 1ℓ
설탕 ………………… 80g
사과식초 …………… 150ml

1 깨끗이 씻는다.
첨벙
첨벙

2 냄비에 뜨거운 물을 끓인 뒤, 붉은 차조기잎을 넣는다.
우르르~
그대로
5 분간 끓인다.

3 붉은 차조기잎을 건진다.
따끈
따끈
초록색이 되었네!!

4 설탕을 녹인다.
잘 섞는다.
주르르...

5 사과식초를 넣는다.
졸졸~졸
완성
한 김 식힌다.
불은 끈다.

짜잔~~~잔
빨갛다!!

절이거나 말리거나

과일 식초
Fruit vinegar

재료 비율

사과식초 부터

재료

사과	200g
빙당	200g
식초	200㎖

사과
산뜻하고 깔끔한 산미를 낸다. 다른 과일로 식초를 만들 때 베이스로 활용하기 좋다.

무화과
개성이 느껴지는 어른스러운 맛. 절반이나 1/4 크기로 자른다.

과일 왕국 오카야마인걸.

이런! 복숭아를 잊었어. 내년에 해야지!!

머스캣 포도
단맛이 풍부하다! 술————술 넘어간다.

이저런 과일로 식초를 만들어 봤어요.

피오네 포도
반으로 잘라서 넣어 봤다.
색이 예뻐! 풍미도 좋다.

배
깔끔한 맛을 낸다. 요리에 활용하기 좋을 듯.

딸기
색도 선명하게 나오고 무엇보다 귀엽다! 보기만 해도 기분 좋다.

달아

절이거나 말리거나

크래프트 진
Craft Gin

감 껍질
은————은한 감 맛
(이 나게 하는 게
좋으려나?)
… 4g
… 8cm
… 80ml
한약 같다!
맛과 향이
모두 강하다!!
… 4g
… 1개
… 80ml
팔각
커피 젤리처럼
향이 진하네.
… 4g
… 10알
… 80ml
로즈메리
화려한
느낌의 맛.
… 4g
… 5cm
… 80ml
술은
마셔야지,
술에
잡아먹히면
안 된다!
시큼한 게
자극적이네.
… 4g
… 1개
… 80ml
즐
거
웠
다
…
털썩
CAUTION!
알코올 도수는
40도입니다.
탄산수에
먹어도
맛있다.

절이거나 말리거나

크래프트 콜라
Craft cola

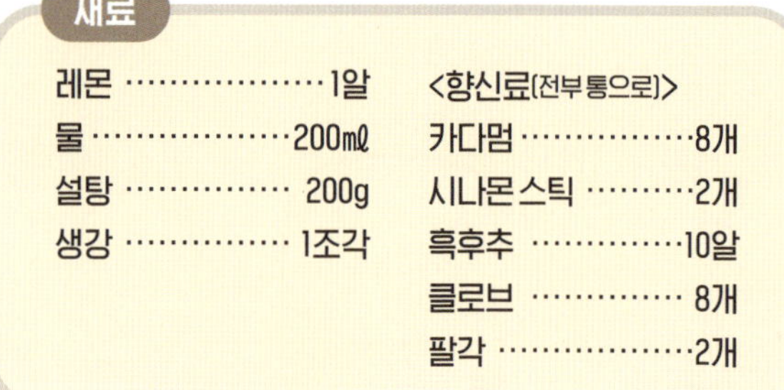

재료

레몬	1알	**〈향신료(전부 통으로)〉**
물	200㎖	카다멈 ···········8개
설탕	200g	시나몬 스틱 ·······2개
생강	1조각	흑후추 ··········10알
		클로브 ···········8개
		팔각 ············2개

1 향신료를 손질한다.

2 레몬을 둥글게 썬다.

3 모든 재료를 냄비에 넣어 불에 올린다.

4 가끔 젓는다.

행복한 유제품

유제품과
사랑에 빠졌다♡

Love Milk

치즈, 버터, 아이스크림… 먹으면 행복해지는 게 바로 유제품이지요(개인적 생각입니다).
이 사랑스러운 음식들을 만들어 봅시다!

모차렐라 치즈
만드는 법 ▶ p.198

사워크림
만드는 법 ▶ p.202

젤라토
만드는 법 ▶ p.206

각종 치즈
만드는 법 ▶ p.200

아이스크림
만드는 법 ▶ p.204

JIKASE

각종 버터
만드는 법 ▶ p.196

베샤멜소스
만드는 법 ▶ p.207

버터/발효 버터
만드는 법 ▶ p.195

요거트
만드는 법 ▶ p.194

요거트
Yogurt

재료

우유 ················· 500㎖
플레인 요거트 ··········· 50g

우유
MILK
10
요거트
ㅋ·ㅇㅅㅏ
1
로 섞어서

기본적인
방법은
간단해요.

이번에는 요거트
메이커를 쓰지 않고
만들어 보겠어!

요거트
메이커

40℃
6시간

따뜻하게

1 우유를 냄비에
담아 불에 올린다.

바닥이 두툼한
냄비를 사용

실험

끓으면 불을 끄고
50℃
까지 식힌다.

50.0

2 요거트를 넣고
섞는다.

휘휘
살살

완성

보관 용기에
옮겨 담아
냉장실로.

5

3 뚜껑을 덮는다.

모락모락

4 담요와 천으로
둘둘 만다음

열이 빠져
나가지 않는다.

따끈

따끈

따끈따----끈

4시간을
기다린다.

묵직하고
따뜻하네.

포근

굳이
있지
된다.

버터/발효 버터
Butter

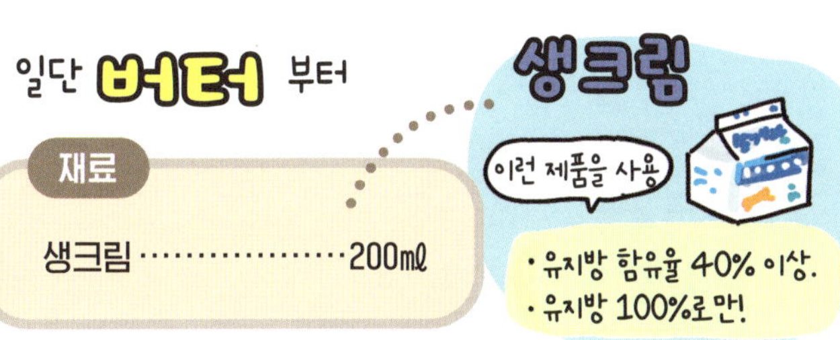

일단 **버터** 부터

재료

생크림 ·················· 200㎖

1 용기에 생크림을 붓고

2 면포를 깐 체에 내린다.

이어서 **발효 버터**

재료

생크림 ······················· 200㎖
플레인요거트 ··············· 1큰술

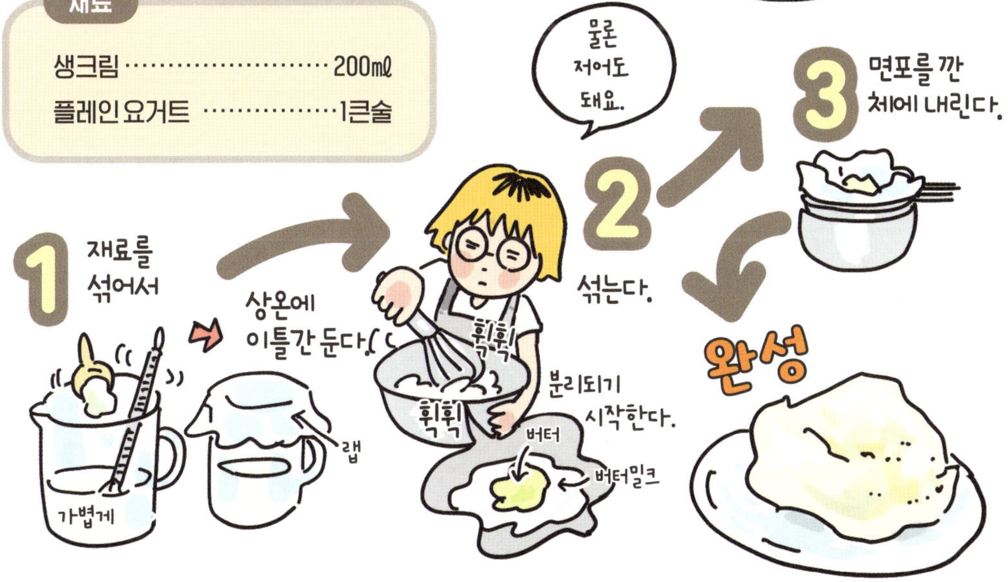

1 재료를 섞어서

2 섞는다.

3 면포를 깐 체에 내린다.

●손가락으로 눌렀을 때 쑥 들어가면서 자국이 남을 정도로 부드러운 상태로, 20℃ 전후의 버터가 여기에 해당한다.

시나몬파우더
(살짝)
휘적
건포도
(취향껏)
섞는다.
휘적
딸기 버터
그래뉼러당
(100g)
딸기
(100g)
레몬즙(약간)
휘적
휘적
땡
섞는다.
잼 상태로 만들어
모두 좋아해.
요리에도 쓰면 좋은
조리용 버터
그대로 섞어 파스타나
빵에♡
이탈리안 스타일.
안초비 ×
올리브 버터
명란 버터
명란젓(100g) 속만 사용
마늘(1쪽)
휘적
레몬즙
(1큰술)
섞는다.
휘적
잘게다짐
안초비
올리브
×2
×5
휘적
휘적
섞는다.
산뜻한 맛
멸치 버터
마른 멸치 20g
간다.
케이퍼 버터
생선 요리에
어울림.
후추(약간)
간장을
살짝
휘적
김 버터
케이퍼는 다져서
(양은 취향껏)
휘적
휘적
김을 잘게
잘라서
휘적
휘적
휘적
섞는다.
섞는다.
섞는다.
(양은 취향껏)

모차렐라 치즈
Mozzarella cheese

재료	
저온 살균 우유	1ℓ
식초	50㎖
소금	적당량

게 내린다.
이 액체
유청 은
p. 201
리코타 치즈에 사용한다.

4 고형분을 볼에 옮겨 담고
뜨거운 물을 천천히 붓는다.
졸졸 졸졸 졸졸

면장갑 on 고무장갑
탄력이 생기기 시작한다.
쫄깃
쫄깃
쫄깃
뜨거워!

5 반죽한대!
먼저 주걱으로 반죽한다.
오동통 오동통
물은 뜨겁게 유지!!
(80℃ 이상)
포개어 접기
오동통 오동통

6 이번에는 손으로 반죽한다.

7 원하는 크기로 뜯는다.
쑤욱~~

완성

9 *소금물에 담근다.
15분 정도
염분 농도 10% 정도
원하면 생략해도 된다!
간을 더하는 단계.
치즈 페스티벌은 계속된다.

8 얼음물에 넣어 식힌다.
동동 동동
차갑--------게

1도록 빨리 세요.
냉동 보관도 가능해요.
• 물기를 제거한다.
• 하나씩 랩으로 싼다.

행복한 유제품

각종 치즈
Cheese

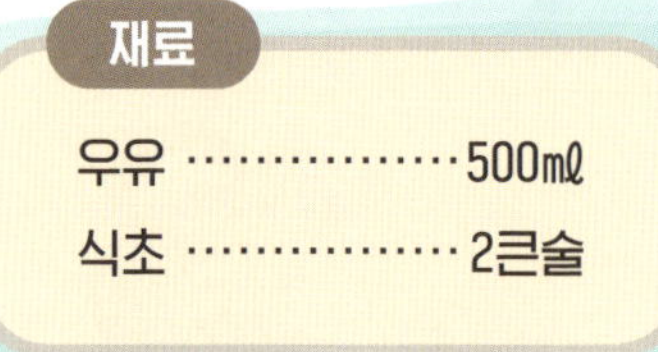

재료

우유 ············· 500㎖
식초 ············· 2큰술

코티지 치즈

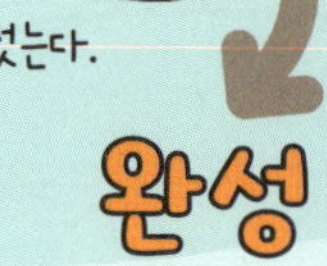

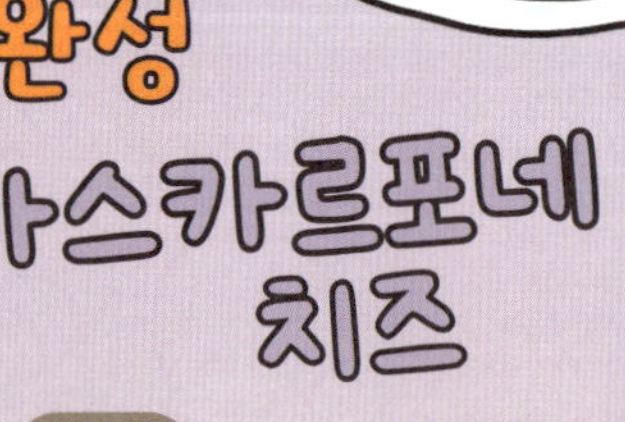

마스카르포네 치즈

재료

생크림 ● ············· 500㎖
식초 ············· 3큰술

●유지방 함유율 35% 이상인 것.

●p.198 〈과정 3단계〉 참조.

행복한 유제품

사워크림
Sour cream

재료

생크림* ·············· 200㎖
플레인요거트 ········ 2~3큰술

●유지방 함유율 35% 이상인 것.

1 재료를 섞는다.

2 상온에 2일간 둔다.

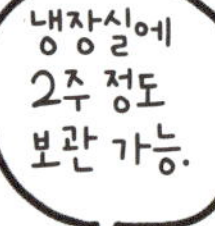

너무 간단한데...

완성

채소 스틱이나

DIP!!

감자튀김에 찍어 먹어도 맛있다.

들어본 적은 있지만 먹어 본 적은 없는

사워크림 어니언

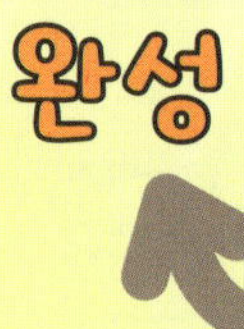

재료

사워크림 ············· 100㎖
양파 ·················· ⅛개
마늘 ·················· 1쪽
콩소메(과립) ········· 1작은술
소금, 후추 ············ 약간
파슬리 ················ 약간

1 양파를 잘게 다진다.

2 섞는다.

완성

디저트도 만들 수 있다고요!
아들, 이거 봐~
엄마가 모차렐라 치즈 만들었다~
가만히 보면 엄마는
짜잔------
같이 먹자!
아, 술이 당기네. 아직 할 일이 남았는데.
맨날 술에 어울리는 음식만 만든단 말이지.
헉...
그, 그렇지 않아!
벌컥
어
어
어
어
단 것을 싫어한다.
그냥 그렇다고.
MILK
牛乳
おかやま
※오카야마 우유
두둥!!!
지금부터 아이스크림을 만들려고 했어!
이거 봐-!!
아니, 괜찮다니까
꽉
정말이야!
그렇게 디저트도 만들게 되었습니다.

행복한 유제품

아이스크림
Ice cream

2 우유와 생크림을 데운다.

3 조금씩 달걀노른자를 붓는다.

완성

1 달걀노른자와 설탕을 넣고 섞는다.

바닐라 아이스크림

재료

우유	300㎖
생크림*	100㎖
달걀노른자	3알분량
설탕	70g

●유지방 함유율 35% 이상인 것.

딸기 아이스크림
졸졸
졸졸
적당히 섞는다.
휘적
휘적
재료
생크림 100㎖
딸기잼 200g
●유지방 함유율 35% 이상인 것.
잼을 넣기만 하면 돼요.
딸기
다른 잼을 넣어도 될 듯.
1 생크림을 휘핑한다.
휙휙
휙휙
차갑게
얼음물에 담근 채로
2 잼을 넣고 섞는다.
주륵
이다음부터는
바닐라 아이스크림의
4 단계부터 같은 방법으로
4 틀에 부어 식힌다.
동동
동동
차갑게
얼음물에 담가 아주 차갑게.
녹차 아이스크림
바닐라 아이스크림의
2 단계에서 녹차1큰술
MILK
콸콸
콸콸
나머지 방법은 동일.
5 냉동실에 넣었다가
3시간 뒤
고구마를 얇게 썰어
설탕 물 1:1 큰술
전자레인지에 3분
설탕이 녹으면 버터 10g
in 고구마
캐러멜라이징한 고구마
녹차 아이스크림에 곁들여 보았다.
초콜릿 아이스크림
바닐라 아이스크림의
3 단계까지 마친 뒤
초콜릿 다져서
우르르
취향껏
큰술
x3
민트 시럽
나머지 방법은 동일.
썰어
물:설탕 1:1 큰술
설탕이 녹으면 버터 10g
in 사과

행복한 유제품

젤라토
Gelato

베샤멜소스

수제라고 할 만큼 대단하지는
않지만, 알아두면
요긴하게 쓰는 '하얀 소스'

소스계의
프린세스

쭉

베샤멜소스를
마스터하는 자가
화이트소스를 마스터
한다!

게맛살과
소스

따끈따끈한 요리

튀긴다.

감자는 삶아

으깬 뒤

삶은 마카로니

소스

끓인다.

고기 X 채소

치즈, 소스

게살 크림 크로켓

대략
적인
조리법

양파 X 닭고기

굽는다.

스튜

볶는다.

그라탱

만드는 법

절대로

태우면
안 된다!

3 우유를
조금씩 붓는다.

걸쭉해
질 때까지

1 약불에서
버터를 녹인다.

소금
약간

2 밀가루를
넣는다.

완성

재료

우유 ……… 400㎖
버터 ………… 20g
밀가루 …… 2큰술
소금 ………… 약간

약불을
유지

치즈는 크게 2종류
자연치즈
가공치즈
흐----음
집에서 만들 수 있는 건 자연치즈, 그중에서도 숙성하지 않는 생치즈인가.
우리 회사의 다나카 씨는 숙성시켜야 하는 경질치즈를 집에서 직접 만들어요.
생주어리 출판 편집부의 오카와 씨.
『식품 선택법 대전』
아루토무 글 / 하마타케 무쓰코 그림
생주어리 출판
食の選び方大全
ぜんぶわかる!
＊한국 미출간
네!?
집에서도 만들 수 있어요!?
도내 모처에 있는 다나카 씨 댁.
띵도---옹
안녕하세요.
얼핏 보기에는 그냥 평범한 부엌 같은데….
흐음
어서 오세요.
생주어리 출판 총무부의 다나카 씨.

다나카 씨의 치즈 작업 일정표

5:00 5:30	우유 가열
5:30 6:30	유산균 발효
6:30 7:30	렌넷으로 우유 응고시키기
7:30 7:45	커드 자르기 · 젓기
7:45 8:15	커드 젓기
8:15 8:30	유청 배출 · 온수 추가
8:30 9:00	커드 젓기
9:00 9:15	유청 배출 · 온수 추가
9:15 9:30	커드 젓기
9:30 10:00	예비 압착
10:00 10:15	본 압착

용어 해설

렌넷: 우유를 응고시키는 작용을 하는 효소.

커드: 우유의 응고 과정에서 생성되는 고체 덩어리.

유청: 우유의 응고 과정에서 분리되어 나오는 액체.

본 압착: 치즈 프레스기로 강하게 압착해 수분을 최대한 빼는 작업.

물기를 3번 빼고 나면
부슬 부슬
용기에 담아
수분 제거.
꾸욱---
누름돌
줄
줄
바닥에 구멍이 뚫려 있다.
수분을 빼고 나서
거꾸로 뒤집은 다음
다시 수분을 제거합니다.
꾸우----우욱!!
쫄
쫄
쫄
다나카 씨, 혹시나 해서 말인데요.
이것도 만들었어요.
없어서요.
포화 식염수를 발라
반복해서 둥글게 만든 뒤
와인셀러에 숙성시켜요.
표면이 마르면 2일에 1회 뒤집어요.
만들고 나서 1주일 동안은 반나절에 1회.
드셔보시겠어요?
우와~~
맛있어
숙성 1년
하면 완성!
이런 건 어디서 배웠어요?
설마 했지만
유튜브에서요.
무균질 우유 10통 → 10ℓ
7㎏ 의 치즈가 만들어진다.

CHAPTER
5

사랑스러운 밀가루의 세계

면의 장인을 목표로!

'면'이라고 해도 저마다 맛과 개성이 다르지요. 애초에 면이란 뭘까요?
본인의 제면소에서 면을 직접 생산하는 한편, 면 전문 자유기고가로도 활약 중인
야마다 유이치로 씨에게 면에 관해 물어보았습니다!

장 큰
차이는 이것!

1. 분말의 종류
강력분
메밀가루
독특한 풍미
중력분
글루텐 함량 차이

2. 가수율
분말 중량 대비 반죽에 들어가는 물의 양의 비율
30%이하
35%이상
낮은 가수율
높은 가수율
• 국물을 잘 빨아들인다.
• 분말의 풍미가 강하다!
• 저장하기에 적합하다.
• 쫄깃쫄깃한 식감.
• 면이 잘 붙지 않는다.

*야마다 제면의 경우로, 어디까지나 대략적인 기준입니다.

… 재료 *
… 반죽을 휴지시키는 시간
… 가수율

떠나자!
면의 장인을 목표로!!

우동
중력분
+
소금물
40~50%
휴지 있음

가수율이 높아 반죽하기 쉬워요.

수제 면에 도전해 보고 싶다면 우동면부터!

소바
메밀가루
중력분
+
물
35~45%
휴지 있음

단순해 보이지만, 의외로 까다로워요! 메밀가루의 개성을 잘 살려야 해요.

파스타
강력분
+
소금물
+
달걀·올리브유
30~40%
휴지 있음

반죽도, 휴지 시간도 충분히!

이후 면의 전문가들이 속속 등장 합니다.

면은 어떻게 만드는 걸까.
야마다—씨!!
후쿠오카현 무나카타시에 있는 야마다 제면을 찾아갔습니다.
어서 오세요.
실례합니다!!
그래, 면 전문가인 야마다 씨가 제면소도 운영하고 있었지!
어? 우동 가게가 같이 있네요.
저쪽입니다.
와!
면은 어디서 만들고 계세요?
고나미
각 계절에 어울리는 우동과 함께 낮술을 권하는 가게.
야마다 제면에서 맛볼 수 있는 「생 간장 우동」

아,
우리 아버지세요.

어서 와요.

야마다 제면 선대
대표 야마다 유조 씨.

생각보다
아담하네요.

그렇지요?

그런데 야마다 제면에서는
우동면 말고도
중화면이나
파스타, 메밀면도
생산했던 것 같은데…

● 면 전문점 '야마다 제면'

면이 저마다 다르다는 말이지?
우리는 모든 면을 이 제면기로
만들고 있다네.
뭐, 들어가는 밀가루는 차이가 나지만.
이거 하나로요!?
만져 보게나.
으~~~~~음
푸우욱
중화면 용
우동면과 중화면의 가장 큰 차이는
잘 모르겠어요.
우동면 용
간수라네.
p.212 참조!
독특한 풍미나 식감, 색을 내려면
이게 꼭 필요하지!

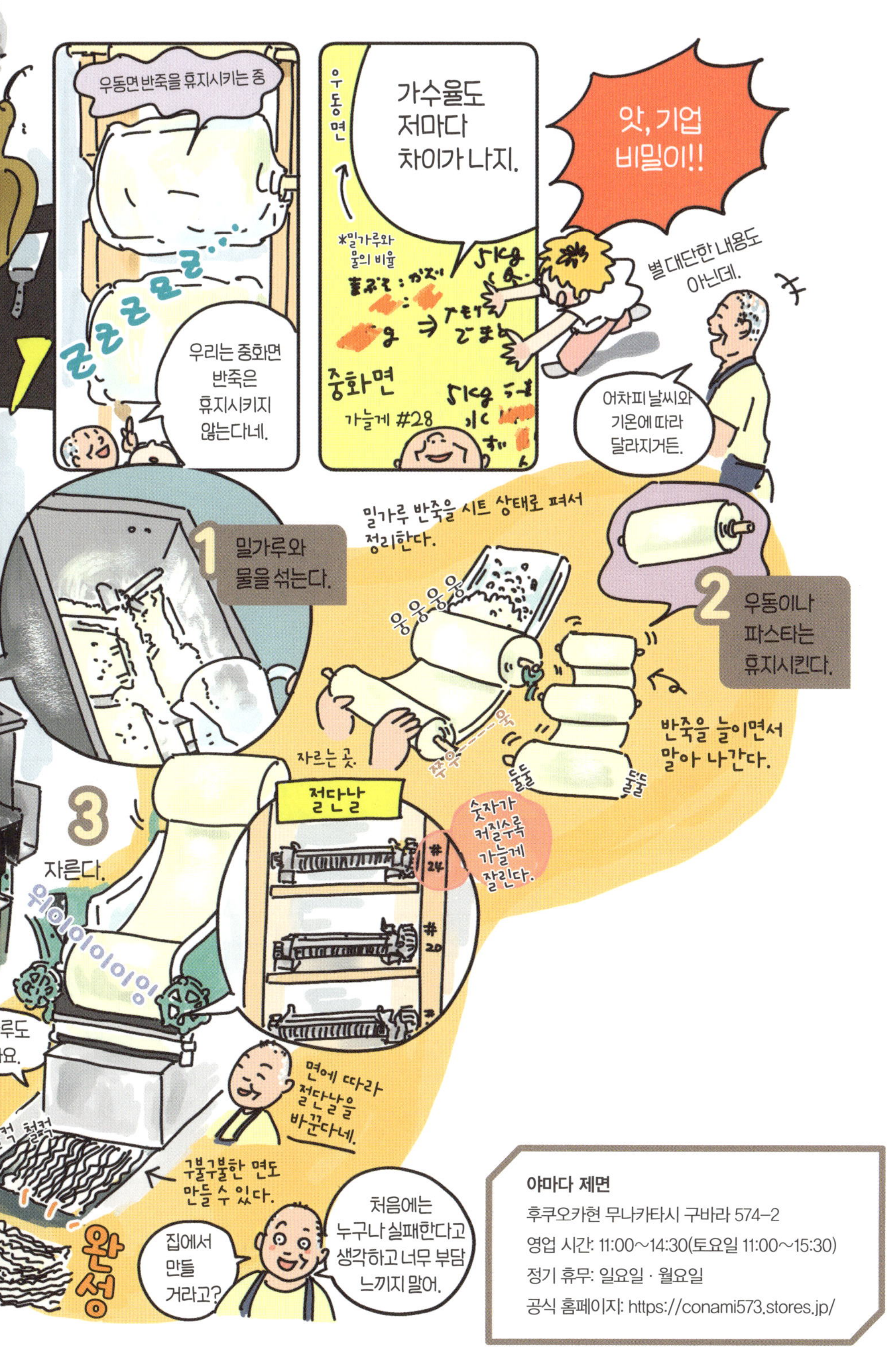
우동면 반죽을 휴지시키는 중
ㄹㄹㅁㄹㄹ
우리는 중화면 반죽은 휴지시키지 않는다네.
우동면
가수율도 저마다 차이가 나지.
*밀가루와 물의 비율
중화면
가늘게 #28
앗, 기업 비밀이!!
별 대단한 내용도 아닌데.
어차피 날씨와 기온에 따라 달라지거든.
1 밀가루와 물을 섞는다.
밀가루 반죽을 시트 상태로 펴서 정리한다.
웅 웅 웅 웅
쭈우---욱
둘둘
둘둘
2 우동이나 파스타는 휴지시킨다.
반죽을 늘이면서 말아 나간다.
자르는 곳.
절단날
숫자가 커질수록 가늘게 잘린다.
#24
#20
3 자른다.
위이이이이잉
루도 요.
면에 따라 절단날을 바꾼다네.
컥 컥
구불구불한 면도 만들 수 있다.
완성
집에서 만들 거라고?
처음에는 누구나 실패한다고 생각하고 너무 부담 느끼지 말아.

야마다 제면
후쿠오카현 무나카타시 구바라 574-2
영업 시간: 11:00~14:30(토요일 11:00~15:30)
정기 휴무: 일요일 · 월요일
공식 홈페이지: https://conami573.stores.jp/

사랑스러운 밀가루의 세계

우동
Udon

3 반죽한다!

손에 달라붙은 반죽도 전부 떼어 넣으세요.

4 뭉친다.

손바닥 전체로 누르며 뭉친다.

1 물을 빙 두르듯 한 번에 붓는다.

2 섞는다.

완성

12 칼로 썬다.

가수율 check

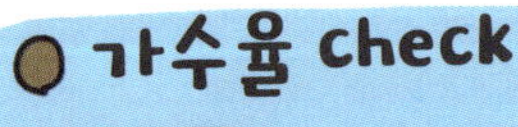

밀가루에 대해

추천하는 제품은 이치몬지 맷돌제분 후쿠호노카 밀가루!

온라인으로 주문할 수 있어요.

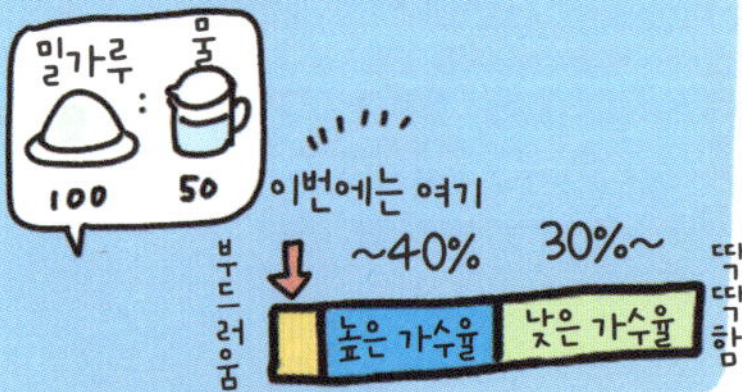

재료 (2~3인분)

밀가루	300g
소금	15g
물	135㎖
덧가루 (밀가루)	적당량

●한국에서는 도자기 용어로 '꼬박 밀기'라고 한다.
면서
세로로 놓고 안쪽으로 말아 나간다.
다시 원래의 형태로
5 둥글게 성형한 뒤 휴지시킨다(10분간).
쓱쓱쓱쓱
아기
어린이
말아 나간다.
쇠뿔
× 2번
국화 반죽
죽을 치대어 반죽 속 공기를 뺀다.
자, 여기서부터
이치몬지식
국화 반죽!
놀이하듯 발로 밟는다.
이런 형태가 된다.
6 핫케이크 형태로 만든다.
어? 핫케이크?
맞아요!
꾹꾹 누른다.
7 국화꽃 모양이 나타나게
한쪽 끝을 살짝 올려
꾹... 누른다.
꾹
꾹
반죽을 돌리면서
8 세워서 누른 다음
해파리 머리 같아.
11
는 시간은 략 11분
향껏 조절♡
늘인다.
9 돌려가며 눌러서
물방울 모양으로
꾹꾹~
직사각형 모양으로
바로 먹지 못할 때
이대로 냉장실에 비닐로 싸서
반죽하기 전에 미리 상온에 꺼내 두세요
2~3일은 가요.
10 꾹꾹 눌러서
접어서
반복
팁! 반죽 끝은 살짝 남겨 둔다.
영차
가운데
위
3mm 두께가 되게!
15분간 휴지
둥글납작한 찹쌀떡 모양으로

사랑스러운 밀가루의 세계

메밀면
Soba

재료

재료	분량
메밀가루	350g
밀가루(중력분)	150g
물	약 200㎖
덧가루(고운 메밀가루)	약 100g

1~

무 많이 안 들게 주의!!
반죽이 않아요.
척~~
부슬
어떠려나.
남은 20%의 물로 농도를 조절.
부슬
Message
가루 한알 한 알을 물로 코팅하고 그 주변을 공기로 감싼다는 생각으로 섞어라.
이건 우리 스승님 말씀.
6 한 덩어리로 뭉친다.
부슬부슬한 알갱이가 뭉쳐진 상태
7 충분히 반죽한다.
불에서 꺼내 반죽하는 게
더 편할지도
원하는 대로 하세요.
세워서
쭈욱
물컹ーーー
힘껏 누른다.
빨리
끄응
빨리
귓볼보다 조금 단단한 정도
8 표면이 매끄러워졌다.
다시 또 반죽한다!!
영차 영차
쭈물
쭈물
공기가 빠지도록
대놓고 말하다니!? 인터넷으로 검색해 보세요.
국화 반죽
9 원뿔 모양으로 다듬은 후
뭉갠다.
꾸욱ーーー
10 손으로 눌러 넓게 펼친다.
꾸욱
덧가루를 바르세요♡
넓은 곳에서 작업하자.
반죽을 전체적으로 돌려가면서
11 늘이고 또 늘인다.
돌
돌
돌
돌
돌
돌
반죽을 전체적으로 돌리면서
1.5mm 두께로 만들자!
12 3절 접기
덧가루도 충분히!!
완성
삶은 시간은 취향껏
13 칼로 썬다.
오오오
원하는 굵기로
나무 도마로 누르면서
바로 먹지 않을 때는
뜨거운 젖은 행주

사랑스러운 밀가루의 세계

중화면
Chinese noodles

4 밀가루에 간수물을 1/3 정도 붓는다.

3 '소금'도 완전히 녹인다.

5 재빠르게 섞는다.

4~5 를 반복한다.

1 중량을 잰다. **정확히**

2 '간수' 분말을 물에 녹인다.

● 가수율 check

이번에는 여기

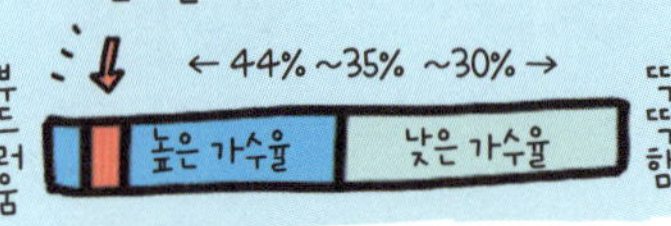

재료 (3~4인분)

준강력분	250g
간수	3g
소금	3g
물	110㎖
덧가루(준강력분)	적당량

● 간수에 대해

● 밀가루에 대해

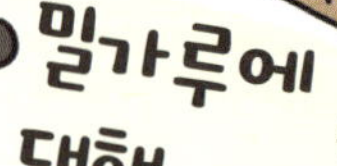

6 물기가 골고루 퍼지면 반죽을 하나로 뭉친다.
7 반죽을 늘인다.
8 늘이고 또 늘인다.
좋았어!!
껍게 서둘러요!
끙—
아이구
쓩—
손바닥에 체중을 싣는다.
불에서 반죽을 꺼내어
덧가루를 바르세요.
체중을 실어서
돌
돌
각도를 바꾸면서
이대로 두께가 2 mm가 되게 하면 좋다.
아주 조그만!
물을 넣어 농도를 조절해도 돼요.
제면기—!!
를 사용해도 된다...
쮸우욱
정말 편해~
열심히 해보게나.
가정용은 3만 원대 정도면 살 수 있어요.
9 칼로 썬다.
덧가루를 뿌리고
3절 접기를 해서
면이다—
CUT
2~3 mm 굵기로 자른다.
물론 제면기를 써도 OK!
완성
기—면 을 낮춰 게나.
많이 실패해 봐야 실력이 늘지!
냉동 보관을 추천하네.
한 가닥 먹어 본다!
삶는 시간
3분이 기준
구불구불한 면을 만들고 싶다면
주물
주물
주물
주물
자르자마자 충분히 주무른다.
물기 빼기.
덧가루를 충분히
후루룩!!

사랑스러운 밀가루의 세계

생 파스타 ①
Pasta

5 섞는다.

3 미온수

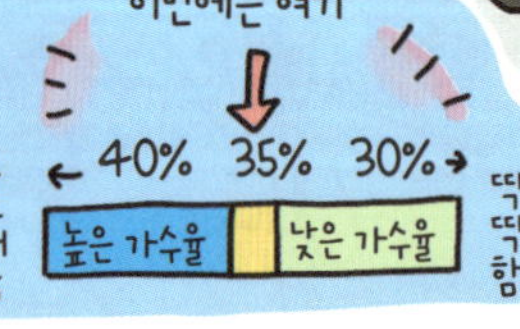

4 올리브유

1

2 달걀
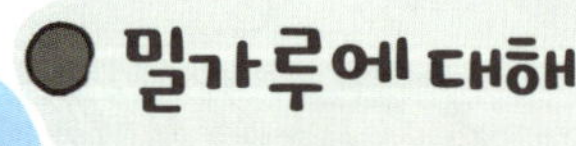

● 가수율 check

재료 (2~3인분)

강력분	250g
소금	4g
달걀	1알
올리브유	약간
미온수	75㎖
덧가루(강력분)	적당량

● 밀가루에 대해

그냥 평범한 **카멜리아**

6
반죽한다!
체중을 실어서! 무르자.
= 끄응.
반죽을 접는다는 느낌으로 하세요.
반복한다.
주물럭 주물럭
볼에서 꺼냈다.
주물럭 주물럭...
끄으응
20분 정도 반죽해 주세요.
CHECK TIME
반죽을 늘여보자
이 막이 글루텐이에요.
그러네.
막에 구멍이 뚫린다.
반죽이 전체적으로 되었다 싶으면 OK입니다
꾹
쭈우———욱
글루텐은 츤데레라 반죽을 오래 치대면 오히려 더 거부감을 느끼지만, 내버려두면 자연스레 다가와요.
나카무라 어록 ②
마치 시바견이나 고양이처럼요.
7 랩을 씌워 휴지시킨다.
군 르르
휴우———
1~2시간 정도
8 반죽을 늘인다.
자아—
먼저 체중을 실어서 누른다.
덧가루(강력분)를 뿌리고
9 도중에 잠시 휴지시킨다.
쉽게 수축하거든요.
르르르르
페이지로 가지요.
10 다시 늘인다.
신경 쓰지 않아도 돼요.
으아————
모양이 점점 이상해지는데?
각도를 바꾸면서
영차
영차
가운데에서
바깥쪽으로
리아의 법칙
아에서 이탈리아 판매되는 스타는 듀럼밀 나 100%가 이면 NG
두께가 1mm가 될때까지!

생 파스타 ②
Pasta

11 자, 이제 반죽을 완성했어요.

덧가루를 묻혀 3절 접기를 하고

*던지지 말라고!

CUT

삶으면 조금 굵어져

일단, 그 전에...

생 파스타는 자유다!

너비에 따라 이름이 다르다.

파파르델레 Pappardelle
파파레 먹보
10㎜ 이상

푸짐한 미트 소스

페투치네 Fettucine
작은 리본
7.5㎜ 이상

진한 버섯 크림

탈리아텔레 Tagliatelle
5㎜ 이상

볼로네제

탈리올리니 Tagliolini
tagliare ...자르다
3㎜

연어 크림

키타라 Chitarra
기타
단면이 사각

미트볼 파스타

솔직히 명확한 정의는 없어요. 이탈리아 엄마들이 하는 말이 정답이겠지.

살짝 말려도 된다(자유).

12 삶는다. 2~3분

소금을 넣으세요.

이 정도면 됐어요.

시간을 정확히 재지 않는 스타일.

잘 익었는지 먹어서 확인한다.

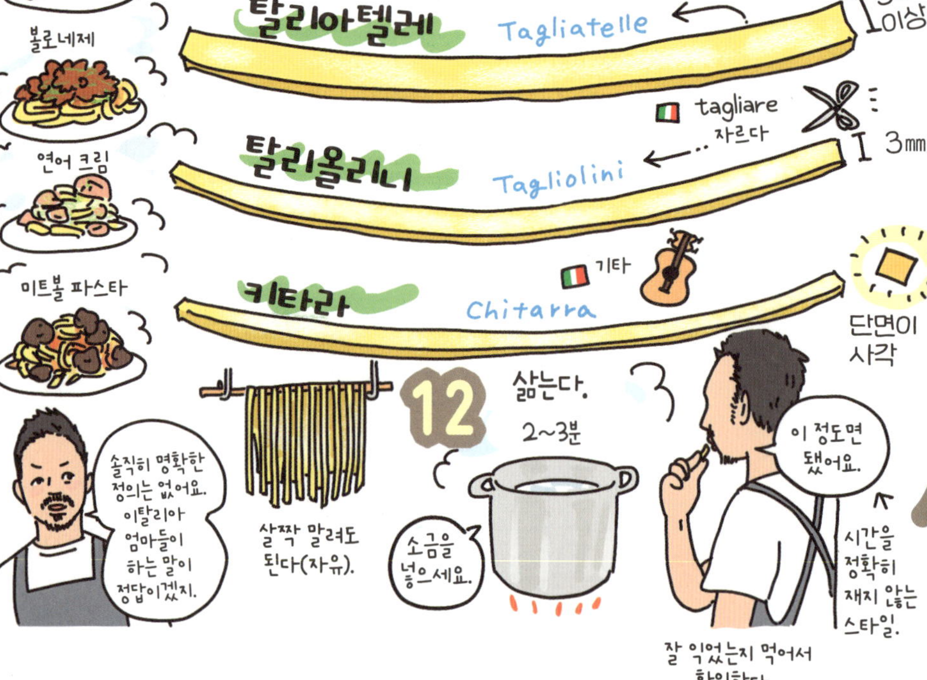

●순무를 뜻하는 라파(Rapa)에서 라비올리가 유래했다는 설도 있다.

생 파스타는 자유다!
라비올리 도 마찬가지!!
순무 Rapa ●
반죽을 찍어 내어
소를 올리고
예를 들면 이런 걸로
꾹꾹
꾹꾹
반죽을 한 장 더 얹으면
완성
라구소스 파파르델레
완성
맛있어~~
쫄기해~~~
면 너비가 들쑥날쑥 하네요.
괜찮아요!
정해진 형태는 없어요.
휙
휙
오오오오
그런 게 생 파스타예요.
'비정형의 미학'이지요.
나와따!
나카무라 어록 ③
생 파스타는 자유다!
라자냐 도 마찬가지!!
그래, 자유 다―!!
이네.
빙굿
맘마미ー아!!
긴 라자냐 시트
반복
라자냐
치즈
화이트소스
미트 소스
라자냐
, 집에서 드는 건데 하게 면 지요.
물론 파스타 기계를 써도
으드
라자냐 시트 보관 방법
● 랩으로 싸서 냉장 보관(5일 정도).
● 냉동하면 좀 더 오래 보관할 수 있어요(한 달 정도).
반죽을 늘이기도 편해요.
언 채로 끓는 물에 풍덩.

사랑스러운 밀가루의 세계

뇨키
Gnocchi

재료

감자	500g
강력분	150g ●
달걀	1알
파르메산 치즈 가루	적당량 ●●
소금	약간

● 감자를 삶아 껍질을 벗긴 중량의 30%

●● 감자를 삶아 껍질을 벗긴 중량의 10%

5 감자에 소금을 넣어
솔솔
섞는다.
휘적
휘적
6 그다음 파르메산 치즈 가루를 넣고 섞는다.
살 살 섞 어 주 세 요
작은 알갱이가 생기도록
7 여기에 달걀을 부어 섞는다.
조르르
달걀은 미리 풀어 둔다.
8 강력분 1/3 분량을 넣어 섞는다.
휘익
휘적
×3
질감에 따라 양을 조절할 것.
음—
귓불보다 부드러운 정도로.
9 반죽하지 말고! 뭉치기만 하세요.
으쌰
으쌰
한 덩어리로 뭉친다.
쯔자——————잔!
한 덩어리가 되었다—!!
10 원기둥 모양으로 말아 늘인 후
아자
데굴
으쌰
데굴
CUT
11 모양을 잡는다.
처억
냐키
타원형
냉동 가능!!
아자
삶는다 (2~3분).
쓰기 좋아
안에 자숙 풋콩이나 단호박을 넣어도 맛이 어요.
씹는 맛이 있죠!
완성
소금
풍덩
풍덩
둥실——
익으면 떠올라요.

사랑스러운 밀가루의 세계

만두피
Gyoza skin

재료

강력분	100g
박력분	100g
소금	약간
뜨거운물	100㎖
덧가루(강력분)	적당량

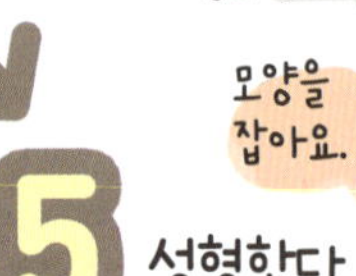

사랑스러운 밀가루의 세계

피자 도우
Pizza dough

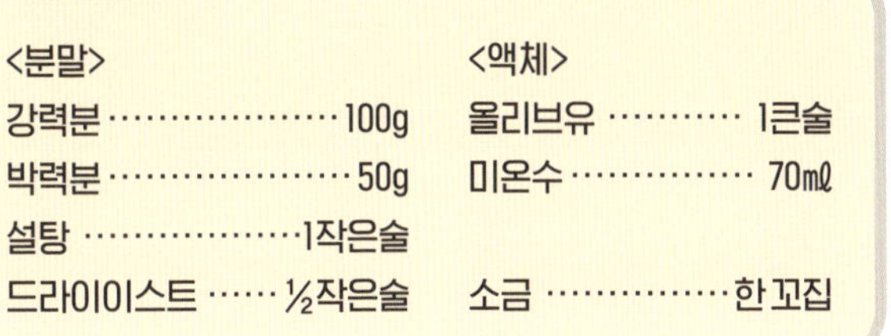

1 분말 재료를 모두 넣고 섞는다.

2 액체 재료와 소금을 넣고

3 손으로 휘휘 저어 섞는다.

4 반죽한다!

5 1시간 동안 휴지시킨다.

6 반죽을 늘인다.

완성

사랑스러운 밀가루의 세계

포카차
(포카치아)
Focaccia

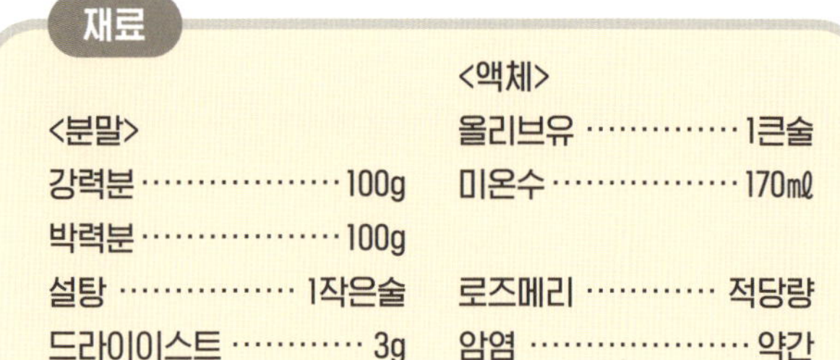

1 분말 재료를 넣어 섞는다.

가볍게

2 액체 재료를 넣고

마구마구마구마구

3 손으로 휘휘 저어 섞는다.

휘적 휘적

가루가 남지 않게 섞이면 휴지시킨다.

4 10분

랩을 씌워

5 다시, 가볍게 섞는다.

손등에 댔을 때 미지근한 정도.

주물 주물

6 2배 정도 부풀 때까지 휴지시킨다.

볼록

7 반죽을 틀에 넣고

암염

로즈메리 잎 부분만

올리브를 넣어 좋다.

손가락으로 눌러서 구멍 뚫기

꾸욱

솔솔 솔솔

종이 포일

법랑 용기를 쓰면 편하다.

올리브유를 뿌려도 좋다.

주르르륵

8 굽는다.

250℃ 20분

빠————삭

완성

사랑스러운 밀가루의 세계

난
Naan

재료

〈분말〉

강력분 ·············· 200g
설탕 ·············· 1큰술
드라이이스트 ····· 1작은술
소금 ·············· ½작은술

버터 ·················· 10g
미온수 ·············· 180㎖
덧가루(강력분) ····· 적당량

1 분말 재료를 모두 넣는다.

2 버터를 녹여 넣고, 가볍게 섞은 뒤

랩을 씌우지 않고 20초

3 미온수를 부은 뒤

손끝으로 휘휘 저어 섞는다.

한 덩어리로 뭉쳐지면

4 볼 바닥에 내리치면서 반죽한다!

이얍

퍼———억

볼에 들러붙지 않을 때까지.

이스트균의 작용이 활발해지도록!

5 30분간 휴지시킨다.

랩을 씌워서
상온에서

6 둥글게 ❤

4등분

7 30분간 휴지시킨다.

상온
젖은 면포

8 길고 가늘게 늘인다.

덧가루를 살짝

9 기름을 두르지 않고 굽는다.

지직! 지직

완성

곧바로 버터를 바르세요.

사랑스러운 밀가루의 세계

빵
Bread

재료

〈분말〉	
강력분 ·········· 300g	물 ·················· 240㎖
드라이이스트 ······· 1g	덧가루(강력분) ···· 적당량
소금 ············· 5.5g	

다음날아침
볼록 볼록
5
볼의 옆면에서부터 반죽을 떼어 낸 후.
2배 정도로 부푼다.
이제 빵을 구울 거야.
굿모닝—
응찔
바닥에 떨군다.
쿵
덧가루
6
가로로 3절 접기.
세로로 3절 접기.
반죽을 뭉개지 않는다!
조물 조물
이음매를 봉한다.
바닥이 타는 걸 방지.
덧가루 대신 쿠킹 페이퍼를 써도 돼요.
덧가루를 깐 냄비에 반죽을 넣는다.
7
in
8
COUPE 쿠프
칼집을 낸다.
완성
11
끈따—————끈
I힘망 위에 려 식힌다.
귀여워
10
뚜껑을 연 채로
휙
20분간 더 굽기.
노릇노릇하게 구워지도록.
9
250℃의 오븐에 굽는다
냄비 뚜껑을 닫은 채로 in
30분간 굽는다.

사랑스러운 밀가루의 세계

잼
Jam

재료

딸기	500g
설탕	350g
레몬	½개

만드는 방법은 같아요.
가끔 젓는다.
4
레몬즙을 넣고 5분간 끓인다.
15~20분
5
뜨거운 상태에서 세척 후 열탕 소독한 병에 담고
뚜껑을 느슨하게
따끈 따끈
가득히
6
살짝 흔든다.
푸슉
뚜껑을 꽉 닫는다.
사과잼
설탕 50~100
껍질과 심은 제거.
사과 100
마무리
레몬즙 적당량.
무화과잼
설탕 50~100
껍질을 벗긴다.
무화과 100
마무리
레몬즙 적당량.
맛에 변화를 줘 볼까?
술을 추가
향신료를 추가
매콤한 향이 좋다.
어른스러운 맛.
깊은 향.
시나몬 스틱
오묘한 향.
RED WINE
RUM
럼
레드 와인
팔각
마녀가 되는 기분.
*레몬즙을 넣을 때 함께 살짝만.
*냄비를 불에 올릴 때 함께 넣고 푹 끓인다.
저장 기간
• 미개봉 상태로 상온에서 1년.
• 개봉한 후에는 냉장실에 1개월.

이번에 우동 만드는 법을 배우게 된 '이치몬지 우동'은
우동은 일본의 전통 음식인데도
이치몬지 우동 대표 오쿠라 다케오 씨.
20여 년 전부터 직접 밀을 재배해서 우동을 만드는 곳입니다.
정작 면에는
대부분 수입 밀가루가 쓰입니다.
1995년에 우동면에 가장 적합한 '시라사기 밀'을 발견했지만,
시중에 유통되지 않았다.
그 이유 중 하나가 수입이 국산보다 글루텐 함량이 더 높거든요.
탱글
탱글
쫄깃
쫄깃
흔히 말하는 '쫄깃함'이 다르지요.
맛있고
안전한
우동을!!
일본의 밀은 글루텐 함량이 낮은 편입니다.
아미노산 함량은 높은 편이지만요.
2대째 대표인 오쿠라 히데치요 씨.
국산 밀가루를 쓰는
빵집은 많은데 말이지요.
'그렇다면 우리 손으로 키우자'라는 생각으로 시작한 밀 재배.

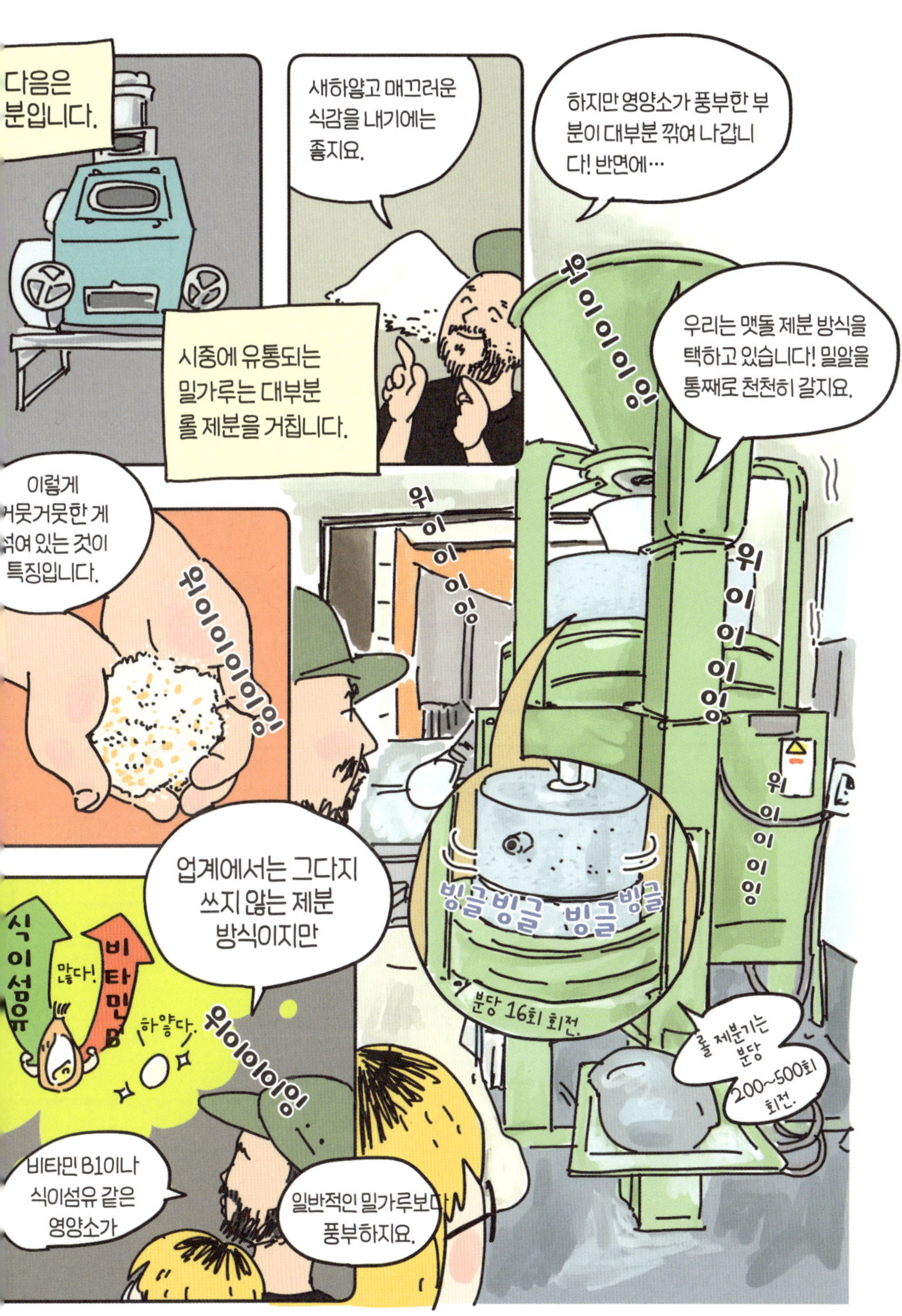

다음은 분입니다.
새하얗고 매끄러운 식감을 내기에는 좋지요.
하지만 영양소가 풍부한 부분이 대부분 깎여 나갑니다! 반면에…
시중에 유통되는 밀가루는 대부분 롤 제분을 거칩니다.
우리는 맷돌 제분 방식을 택하고 있습니다! 밀알을 통째로 천천히 갈지요.
위이이이잉
이렇게 거뭇거뭇한 게 섞여 있는 것이 특징입니다.
위이이이이잉!
위이이이잉
위이이이잉
위이이이이잉
업계에서는 그다지 쓰지 않는 제분 방식이지만
빙글빙글 빙글빙글
분당 16회 회전.
롤 제분기는 분당 200~500회 회전.
식이섬유
많다!
비타민B1
하얗다!
위이이이이잉!
비타민 B1이나 식이섬유 같은 영양소가
일반적인 밀가루보다 풍부하지요.

요즘은 '밀가루를 먹지 않는 게 좋다'라는 의견도 많은데
NO 밀가루!!
그냥 밀가루를 끊어버리는 방법도 있겠지만
저는 '어떻게 하면 밀가루를 맛있게 먹을 수 있을까?'라고 고민합니다.
이건 두 번 제분한 밀가루예요.
두 번이나!
아니, 그러면
일본인은 오랜 세월 동안 줄곧 밀을 먹어 왔다.
쿠즈모치
일본에는 오직 일본에서만 키울 수 있는 밀이 있다.
너무 가엾잖아요…!
밀가루가!!
맷돌 귀엽지요. 아무리 봐도 질리지 않는다니까요.
위이이잉
위이이잉
앞으로는 밀가루도 잘 골라서 먹고 싶다.
이이이잉…
그렇지 않나요!!
저는 그런 건 싫어요.
밀에 대한 사랑!!
비젠 · 후쿠오카
이치몬지 우동
오카야마현 세토우치시 오사후네초 후쿠오카 1588-1
영업 시간 : 10시 ~ 15시
정기 휴무 : 매주 수요일, 첫째 · 셋째 화요일
홈페이지 : http://ichimonji.ne.jp/story

수제 마스터를 목표로!

직접 만들기 시작하면
그만둘 수 없다,
그야말로 수제는 늪!
Infinite world
이제껏 만든 갖가지 식품을 조합해 더 맛있는 음식을 만들어 보려고 합니다.
이 정도 수준이면 헤어 나올 수 없는 늪에 빠졌다고 봐야지요.
가봅시다, 수제 마스터를 향해—!
수제의 늪에
오신 걸 환영합
니다.
으하하하하
P.231
피자 도우를
사용해
반죽에
소스를
원하는
만큼
엑스트라버진
올리브유
OLIVE OIL
후추
PEPPER
굽기
직전에
PIZZA
마르게리타 피자
1 재료를
올리고
소스 위에
치즈를 얹는다.
P.58
토마토소스
P.73
타바스코풍
소스
취향껏
타바
스코를!
P.198
모차렐라 치즈
바질은 구운
뒤에 올려요.
완성
250℃
오븐에
10 분간 굽는다.
하나
더!
1 재료를
섞는다.
2
참치
콘마요
소금 1작은술
마요네즈 3큰술
통조림 옥수수 2큰술
참치 30g
PIZZA
P.64
마요네즈
3
반죽에 올린다.
아이들이
정말 좋아
해요.
P.120
참치(워터 포칭)
완성
아싸!!
이렇게 되겠지.

P.218
우동을 사용해
카레 우동
1 대파와 삼겹살을 볶는다.
어슷 썰기
대파 (흰 부분) 1줄기 분량
소금 약간
1cm 너비 삼겹살 100g
2 국물 재료를 넣고
물 500ml
일본식 청주 1큰술
P.44 시로다시
시로다시 1큰술
P.76 카레 루
카레 루 50g
5분간 끓인다.
걸쭉한 국물을 만들고 싶은 사람은 전분물 첨가.
3 우동을 넣고 10분간 끓인다.
첨벙 ---- 엉
완성
꺄악
흰옷 금지
취향껏
• 날달걀
• 가마보코
• 유부를 토핑.
P.222
중화면을 사용해
두유 탄탄면
P.72 라유
취향껏
대파의 흰 부분을 가늘게 채 썰어 토핑.
완성
1 [고기 소보로*]를 만든다.
참기름 1큰술
마늘 생강
다져서 각각 1작은술
일본식 청주 1큰술
향이 올라오면
P.26 미소된장 혹은 P.69 첨면장 1큰술
P.68 두반장 1작은술
주걱으로 누르면서 굽는다.
치이이이이익
돼지고기 다짐육 150g
[삶는다.]
2 국물을 만든다.
P.222 중화면
3분 삶는다.
다른 냄비에
P.42 치킨스톡(풍) 수프 200ml
P.133 두유 200ml
참깨 페이스트 2큰술
부드러워지면 OK
3
4. 청경채, 채 썬 대파
청경채를 살짝 데친다
다른 냄비에
3. 고기 소보로
2. 국물
1. 면
이 순서대로 토핑.
*토핑할 다진 돼지고기를 양념해 구운 것.

PASTA
명란 멸치 버터
레몬즙 약간
김은 취향껏
P.197 멸치 버터
10g
P.112 명란젓
알맞게 짜서 넣는다.
쭉쭉

P.224 파스타를 사용해
삶은 파스타를 버무리기만 하면 끝
흔들 흔들

PASTA
생강 초절임 토마토
올리브유 1큰술
P.168 생강 초절임
P.108 안초비
푸른 차조기잎은 취향껏
후추 약간
20g 1조각
다져서
토마토

나폴리탄
P.73 타바스코풍 소스
P.94 비엔나소시지 2개
P.100 베이컨
피망 1개
양파 ¼개
1
마늘을 기름에 달구다가
향이 올라오면
치지지직
볶는다.
2
P.60 토마토케첩
소금 약간
3큰술
간하기
쭈르르륵
완성
버무린다.
5
P.195 버터
10g을 ON
4
삶은 파스타면을 넣고
후추 약간
치지직
3

라비올리
1
라비올리 반죽 사이에 소를 넣고
P.201 리코타 치즈
P.120 참치 (워터 포칭)
P.58 토마토소스
라비올리 반죽
2
반죽의 이음매를 붙인다.
3
삶는다.
첨벙
5~6분
완성
올려 취향껏

P.234
빵을 사용해
일본식 고등어 초절임
SANDWICH
P.102
일본식 고등어 초절임
P.158
피클
P.64
마요네즈
푸른 차조기잎
BLT
SANDWICH
1작은술
P.64
마요네즈
P.65
홀 그레인 머스터드
P.60
토마토케첩
1큰술
1큰술
양상추
토마토
P.100
베이컨
바삭하게 굽는다.
SANDWICH
연어 크림
P.98
훈제 연어
P.88
로스 햄
P.201
크림치즈
양파, 오이
양상추
길쭉한 비엔나소시지를 치지직~~
바싹 굽는다.
P.65
프렌치 머스터드
P.60
토마토케첩
P.94
비엔나소시지
P.158
피클
햣도그
도 좋다!
냠
자른다
파프리카나 오이
핫도그빵을 사 와서

나베로 몸을 따뜻하게 덥히고 싶을 때!
나는 나베가 먹고 싶어.
김치 나베
P.26 미소된장
P.66 고추장
P.132 목면두부
P.160 김치
재료
A
배추김치 ······ 200g
대파 ·········· 1대
부추 ······ 100g(1단)
돼지고기 ······ 200g
목면두부 ······ 1모
생강 ·········· 1조각
마늘 ·········· 1쪽
참기름 ······ 1큰술
물 ············· 1ℓ
국물용 멸치 ····· 20g
다시마 ·········· 5cm
B
고추장 ········ 2큰술
미소된장 ····· 2큰술
간장 ·········· 1큰술
미림 ·········· 1큰술
중화면 ········ 120g
1 냄비에 A 의 재료를 넣어 섞는다
[육수를 만든다.]
1시간 정도 담가 둔다.
한 번 끓인 후 약불에서 10분
끓나면 작별
2 볶는다.
생강
마늘
참기름
다진다.
향이 올라오면
돼지고기를 넣는다.
지글 지글
김치 절반 분량 ON!
3 육수와 합친다!
돼지고기 × 김치
4 B 의 재료를 섞어
대파도 함께
여기에 또
합친다!
마무리는
P.222 중화면
우히히
날달걀을 넣으면 맛있다.
완성
두부
부추
먹기 직전에
남은 김치

두유 나베

●한국에서는 오뎅과 어묵이 같은 의미로 쓰이지만, 오뎅은 따뜻한 간장 베이스의 육수에 각종 재료를 넣어 푹 끓여낸 냄비 요리로 국물보다는 주로 건더기를 먹는다.

이로써 우리 집이 술집으로 변신!

갖가지
안주
물론 디저트도

건배

마지막은
시원하게
한잔하고
끝냅시다!

감자샐러드류

방방지

MEITOU

안초비
감자샐러드

다져서
버무리면
끝.

마요네즈

짭짤하니
맛있다.

베이컨을 바삭
하게 굽는다.

치직----

마요네즈

홀 그레인
머스터드

후추를
넉넉히

P.64
마요네즈
P.108
안초비

바삭한 베이컨
감자샐러드

P.64
마요네즈
P.65
홀 그레인 머스터드
P.100 베이컨

생강 초절임은
생선과도
잘 어울린다!

생강 초절임 일본식 고등어

상큼하다.

푸른 차조기
잎과도 어울린다.

우메보시는
으깨서
in

마요네즈

매실 소금

생강 초절임
일본식 고등어
초절임

버무리기만
하면 끝.

P.102
일본식 고등어
초절임
P.168 초절임
생강 초절임

우메보시
감자샐러드

P.47
매실 소금
P.64
마요네즈
P.146
우메보시

P.168
생강 초절임
P.200
코티지 치즈

딸기와 생강
초절임의
코티지 치즈
버무림

쑥갓·일본식 고등어 초절임

올리
소금
는

생강 초절임은
과일과도
잘 어울린다.

딸기
치즈
생강 초절임

버무려

올리브유와

소금으로
마무리.

P.56
"드레싱은
Live다!!"

를 참조하시길!

재료
간장 ··········· 1큰술   설탕 ··········· 1작은술
참깨 ··········· 1큰술   라유 ··········· 약간
두반장 ········· ½큰술   마늘 ··········· ½쪽
식초 ··········· ½큰술   생강 ··········· ½조각

햄카츠
두툼~~~
하게
만들자.
전부 섞는다.
와────
P.68
두반장
P.72
라유
P.120
워터 포칭
(닭가슴살)
P.88
로스 햄
P.53
돈가스 소스
•마늘
•생강
간다.
졸르륵
on 가늘게 채 썬
대파의
흰 부분
자른 닭가슴살
위에 끼얹는다!
햄
밀가루
달걀
빵가루
180℃ 노릇노릇
하게
생강 초절임 in
the 소주
수고
했어.
생강 초절임 소주
탄산수, 소주
1.
얼음과
생강
초절임
2.
도미의
곤부지메를
재운다.
미림 2큰술
간장 2큰술
참깨
취향껏
15분 정도
따뜻한
육수를
졸졸───
밥 위에 얹어서
P.102
일본식 고등어
초절임
P.104
곤부지메
P.40
아와세다시
본식
등어 초절임
샐러드
P.75
레드 와인
비네거
도미 오차즈케
육수가 정말
좋은데.
와인과 일본식
청주에 모두 잘
어울려!
여러분
수고하셨어요!

마치며 ○

2020년 4월, 우리 가족은 코로나19로 외출이 제한되어 줄곧 집에 머물렀습니다.
남편과 아들과 저, 세 명이 24시간 내내 함께 지냈습니다.
매일 집에서 아침, 점심, 저녁마다 셋이서 밥을 먹었습니다.

'그래, 이참에 세 끼 중에 한 끼는 재미있는 놀이를 해보자.'

그래서 직접 우동 면을 뽑거나 소시지를 만들기도 했고,
초밥을 빚어 장난감 기차에 올려 회전초밥 놀이를 하기도 했습니다.
그 후로 요리는 저에게 하나의 즐거움이 되었습니다.

음식에 관한 흥미가 점차 높아지는 와중에
이번 책『오늘도 사서 고생, 방구석 레시피』의 의뢰를 받아 매우 기뻤지만,
저는 음식 전문가가 아니기에 '프로'의 도움을 받게 되었습니다.

제 그림 스타일을 잘 알고, 저에게 여러 장르의 요리를 가르쳐 줄 수 있는
사람이 좋겠다는 생각에 가장 먼저 상의한 사람이
후쿠오카의 인기 비스트로인 요르고의 가와세 셰프였습니다.

가와세 셰프의 요리가 지닌 아름다움과 즐거움도 물론 대단했지만,
무엇보다도 '가와세 씨'라는 사람이 지닌 캐릭터성이 정말 좋았습니다.
그런 가와세 씨를 이번에도 제가 그리고 싶은 대로 그렸습니다.
늘 군말 없이 받아줘서 고마워!

함께 일하시는 오카베 유조 씨의 훌륭한 지시와 나카무라 씨의 수많은
명언에도 감동했습니다.

오카야마의 메이토 미소 혼포의 다카하라 씨는 수년 전에 개인적으로
취재하면서 인연을 맺은 데다 좀 더 알고 싶은 마음에 기회를 엿보던
참이었습니다.

후쿠오카는 요르고, 야마다 제면, 마타이치노시오 제염소 공방 톳탄,
미쓰루 쇼유 조조모토.
오카야마는 메이토 미소 혼포, 이치몬지 우동, 소바키리 쿠루리,
도후도코로 오카베, 히모노야 간키치.

모두 더할 나위 없이 맛있고 매력적인 가게들뿐이었습니다.
제 마음속에서는 최고로 꼽히는 곳입니다.
이번 기회를 통해 배운 내용이 저에게는 전부 큰 배움이 되었습니다.
정말 감사합니다.

그리고 철도 마니아인 쓰루마키 사장님, 치즈에만 해박한 게 아닌
다나카 씨, 늘 마감 때까지 디자인을 수정하는 열정적인 디자이너
이노우에 씨 등 개성 넘치는 사람들이 모여 있는 생추어리 출판 편집부의
오카와 씨, 이런 유쾌한 책을 기획해 주서서 감사해요!
다음에 또 가와세 씨와 셋이서 술 마시러 가요.

늘 나를 여러모로 지원해 준 남편과 아들 타로에게도 감사해!

마지막으로 여기까지 읽어 주신 여러분, 감사합니다.
여러분이 어느 한 가지라도 직접 만들어 보고 '재미있다!'라고
느껴 주신다면 대성공이라 생각합니다.

하마타케 무쓰코

Profile

감수자 프로필

육류 · 생선 · 조미료 등

▶pp.40〜41 / ▶pp.46〜51 / ▶pp.55〜57 / ▶pp.76〜79 / ▶pp.86〜91 / ▶pp.96〜105 / ▶pp.117〜121 / ▶pp.152〜159 / ▶pp.196〜197 / ▶pp.224〜229

가와세 가즈마(川瀬一馬)
요르고의 소유주 겸 대표. 주식회사 기빙 맨(Giving man)**의 대표.**

1976년 가나가와현에서 태어났다. 도쿄에서 프렌치와 이탈리안 레스토랑에서 일하며 경험을 쌓은 뒤 프랑스로 건너가 1년간 일한 후 일본으로 돌아와 일식도 배웠다. 2014년에 비스트로 〈요르고〉를 오픈했고, 〈교자 라스베가스〉와 일식집 〈니르고〉도 운영 중이다.

요르고(Yorgo)
후쿠오카현 후쿠오카시 주오구 다이묘 1초메 2–15
영업 시간 : 월요일 〜 금요일 17:00 〜 24:00(금 〜
일요일 및 공휴일은 16:00 〜)

공식 인스타그램

미소된장 · 코지

▶pp.24〜37

다카하라 류헤이(高原隆平)
메이토 미소 혼포 대표.

간장 기사였던 조부가 코지 전문점을 창업했다. 3대째로 회사를 운영하면서 현지 농산물만을 사용하고 첨가제를 넣지 않는 방침을 고수하고 있으며 코지를 이용한 독창적인 발효 식품이나 오카야마현 재래종 대두를 직접 생산하는 등 전통을 지키는 동시에 새로운 도전에도 힘쓰고 있다.

메이토 미소 혼포(名刀味噌本舗)
오카야마현 세토우치시 오사후네초 하지 14–3
영업 시간 : 월요일 〜 금요일 8:00 〜 16:00, 토요일 8:00 〜 12:00
정기 휴무 : 일요일, 공휴일

공식 홈페이지

소금

▶pp.80~82

히라카와 슈이치(平川秀一)
신자부로쇼텐(新三郎商店) **주식회사 대표.**

1975년 후쿠오카현에서 태어났다. 요리사로 일하던 시절에 소금의 중요성을 깨닫고 직접 소금을 만들기로 결심했다.
2000년에 이토시마 반도에 입체 염전을 짓고 공방을 세운 뒤 소금을 만들기 시작했다. 전통적인 자연 제법을 고수한 덕분에 소금의 맛이 화제가 되었다. 해양 환경 문제 해결에도 힘쓰고 있다.

마타이치노시오 제염소 '공방 톳탄'
후쿠오카현 이토시마시 시마케야 3757
영업 시간 : 10:00 ~ 17:00(연말연시는 휴무)

공식 홈페이지

간장

▶pp.139~142

조 요시노리(城 慶典)
미쓰루 쇼유 조조모토 대표.

1984년 후쿠오카에서 태어났다. 고등학생 시절에 자사의 간장 양조를 다시 부활시키려는 꿈을 안고 도쿄농업대학 양조과학과에 입학했다. 졸업할 때까지 전통적인 제법을 이어나가고 있던 양조장 일곱 군데에서 간장 양조에 대해 배웠고, 그 후 가업인 미쓰루 쇼유 조조모토에 4대째로 입사했다. 2010년에 40년 만에 나무통에 간장을 직접 양조하는 자사 양조를 부활시켰다.

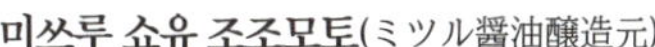

미쓰루 쇼유 조조모토(ミツル醤油醸造元)
후쿠오카시 이토시마시 니조후카에 925-2
영업 시간 : 9:00 ~ 18:00
정기 휴무 : 일요일, 공휴일, 둘째 · 넷째 토요일

공식 홈페이지

두부

▶pp.130~137

시라이시 히로노리(白石浩範)
주식회사 시라이시쇼텐(白石商店) **의 상무이사.**

1977년 오카야마현에서 태어났다. 에도시대부터 대대로 이어온 가업인 기름 도매 업체인 '시라이시쇼텐'에 관심을 가져 도쿄에서 경영 컨설턴트를 공부한 후 입사했다. 영업의 일환으로서 다양한 식품 업체의 상품 개발을 돕는 한편 2022년부터 자사의 두부 부른대 '도후도코로 오카베'의 홍보도 맡고 있다.

도후도코로 오카베(豆腐処おかべ)/**쇼쿠지도코로 오카베**(食事処おかべ)
오카야마현 오카야마시 기타구 오모테초 1-10-1
영업 시간 : 9:00 ~ 17:30(두부 가게) / 11:30 ~ 14:00(식당)
정기 휴무 : 일요일, 공휴일(두부 가게) / 목요일, 일요일, 공휴일(식당)

공식 인스타그램

건어물

▶pp.172~178

요시오카 토모히사(吉岡倫久)
주식회사 간키치 대표.

오카야마현에서 태어났다. 회사원 시절 오카야마의 건어물 장인과 만나 그 맛에 충격을 받았다. 그 장인이 나이가 많아 가게를 접으려 한다는 사실을 알고 오카야마의 건어물 문화를 지키고 싶어 건어물 전문가가 되기로 마음먹고 2018년에 '히모노야 간키치'를 오픈했다. 출장 워크숍도 개최 중이다.

히모노야 간키치 마루야마점(ひものや かんきち 円山店)
오카야마현 오카야마시 나카구 마루야마 87-17
영업 시간 : 10:00 ～ 18:00
정기 휴무 : 수요일, 일요일

공식 홈페이지

경질치즈

▶pp.208~210

다나카 쓰토무(田中 努)
취미로 주말에 경질치즈를 만드는 치즈 장인.

생추어리 출판에서 사내 시스템 엔지니어로 근무하고 있다.
시중에 판매되는 리코타 치즈의 맛에 충격을 받고 치즈를 직접 만들어 보고 싶어져 수제 치즈에 관해 공부하기 시작했다. 한 달도 채 지나지 않아 경질치즈로 관심이 옮겨갔고, 그다음 달에 와인 셀러를 구입해 숙성고로 사용하면서 이 길을 계속 가기로 결심했다. 도구나 제법을 업데이트하면서 달마다 두 개씩 치즈를 계속 만들고 있다.
마음의 스승은 유튜버로도 활동하고 있는 개빈 웨버(Gavin Webber) 씨다.

X: @tsutomu_cheese

면

▶pp.212~217 / ▶pp.222~223

with 유조 씨.

야마다 유이치로(山田裕一郎)
제면소 야마다 제면의 대표이자 면 전문 자유기고가.

1978년 오카야마현에서 태어났다. 2012년부터 면 전문 자유기고가로 본격적인 활동을 시작했으며 신문이나 잡지 등에 글을 연재했다. 저서로는 『우동 이야기 후쿠오카』『비장의 한 잔』이 있다. 2020년부터 아버지가 운영하던 제면소를 물려받아 '야마다 제면'의 대표가 되었다. 현재는 자유기고가 활동을 병행하면서 면 만들기에 힘쓰고 있다. https://ii-kiji.com/

야마다 제면(山田製麵)(우동 가게 '고나미(こなみ)' 병설)
후쿠오카현 무나카타시 구바라 574-2
영업 시간 : 11:00 ～ 14:30(토요일 11:00 ～ 15:30)
정기 휴무 : 일요일, 월요일

공식 홈페이지

우동

▶pp.218~219 / ▶pp.238~240p

with 히데치요 씨.

오쿠라 다케오(大倉剛生)
이치몬지 우동대표.

1986년 오카야마현에서 태어났다. 대학교를 졸업한 후 가업인 '이치몬지 우동'에 입사했다. 3대째 대표로서 아버지와 함께 '밀에서 우동을 만드는 일'에 매진하고 있다. 자가 제분에도 공을 들여 맷돌 제분기로는 얻기 어렵다고 알려진 쫄깃하면서도 매끄러운 식감의 우동면을 만드는 데에 성공했다. 고객이 직접 쟁반에 우동 면과 튀김 등을 담아 계산하는 셀프서비스 방식의 운영 방침을 고수하면서 해당 지역을 중심으로 가게를 운영해 나가고 있다.

이치몬지 우동(一文字うどん)
오카야마현 세토우치시 오사후네초 후쿠오카 1588-1
영업 시간 : 10시 ~ 15시
정기 휴무 : 매주 수요일, 첫째 · 셋째 화요일

공식 홈페이지

메밀면

▶pp.220~221

나카노 아키라(中野 明)
소바키리 쿠루리 대표.

1980년 오카야마에서 태어났다. 오사카의 '소바키리 덴쇼(蕎麦切り 天笑)'에서 경력을 쌓은 뒤 2014년 '소바키리 쿠루리'를 오카야마 시내에 오픈했다. 2024년에 오카야마 아카이와시로 가게를 이전해 새로 오픈했다.

소바키리 쿠루리(そば切り 來輪)
오카야마현 아카이와시 시모니보 1481
영업 시간 : 11:00 ~ 15:00(재료 소진 시 마감)
정기 휴무 : 목요일/넷째 주 수요일(비정기 휴무 있음)

공식 인스타그램

※ 영업시간이나 정기 휴일은 예고 없이 변경될 수 있습니다.
최신 정보는 가게의 공식 홈페이지를 확인해 주세요.

소스부터 가공식품까지, 리얼 홈메이드 집밥 210

오늘도 사서 고생, 방구석 레시피

1판 1쇄 인쇄 | 2026년 4월 8일
1판 1쇄 발행 | 2026년 4월 15일

지은이 하마타케 무쓰코
옮긴이 황세정
펴낸이 김기옥

실용본부장 박재성
실용팀 이소정
마케터 서지운
지원 고광현, 김형식

디자인 이창욱
인쇄·제본 민언프린텍

펴낸곳 한스미디어(한즈미디어(주))
주소 (우 04027) 서울시 마포구 양화로 11길 13(서교동, 강원빌딩 5층)
전화 02-707-0337 | **팩스** 031-707-0198 | **홈페이지** www.hansmedia.com
출판신고번호 제 313-2003-227호 | **신고일자** 2003년 6월 25일

ISBN 979-11-24272-15-2 13590

·책값은 뒤표지에 있습니다.
·잘못 만들어진 책은 구입하신 서점에서 교환해 드립니다.